Composition et mixage
avec GarageBand'09

Manuel de survie pour compositeur en herbe

David A. **Mary**

SANSTABOO

Composition et mixage avec GarageBand'09

Manuel de survie pour compositeur en herbe

EYROLLES

ÉDITIONS EYROLLES
61, bd Saint-Germain
75240 Paris Cedex 05
www.editions-eyrolles.com

Avant-propos

Bienvenue dans cet ouvrage dédié à la production musicale sur Macintosh. GarageBand est une application bien connue des musiciens et livrée en standard avec un ordinateur Apple. On le retrouve également vendu avec la suite logicielle iLife destinée au grand public, où il tient une place à part. Si Apple, au fil des versions, a tantôt essayé d'en faire un compagnon d'iMovie ou d'iDVD, voire un outil dévoué à la création de podcasts, il ne faut pas s'y tromper : ce logiciel est avant tout destiné à produire de la musique, et rien d'autre ! Dans ce cadre, il fait merveille ! Aussi, Garage-Band '09 (qui est la cinquième version commercialisée) est à présent un produit mature, dispensant à la fois des cours d'initiation musicale et proposant tous les outils nécessaires pour produire votre première chanson. Ce n'est ni un hasard ni uniquement un phénomène de mode qui pousse aujourd'hui nombre d'artistes à recourir à ce logiciel pour la composition et l'enregistrement de premières maquettes.

La philosophie de cet ouvrage

Bien qu'il soit écrit GarageBand sur la couverture, ce livre n'en constitue pas pour autant une notice explicative. D'une part, le logiciel est d'une prise en main facile : même un élève d'école primaire de troisième cycle se saisit aisément des fonctions de base ! D'autre part, la documentation électronique jointe au logiciel (et accessible depuis le menu *Aide*) répondra sans coup férir à d'éventuelles interrogations, si vous êtes déjà familier de l'outil informatique. C'est également sans compter sur le bouleversement induit par Internet et le nombre de didacticiels proposés à titre gracieux, qu'ils soient directement accessibles sur le site d'Apple, ou par le biais de blogs ou forums spécialisés.

INTERNET **Didacticiels et forums de discussions sur GarageBand**

Le site d'Apple propose en anglais une série de didacticiels
▸ http://www.apple.com/fr/ilife/tutorials/#garageband
ainsi qu'un forum de discussion
▸ http://discussions.apple.com/forum.jspa?forumID=1308
En français, vous trouverez la série humoristique *GarageBand Attitude*
▸ http://www.dailymotion.com/pectines
ainsi que le nouveau podcast *On The Rocks* que j'anime depuis plusieurs années.
▸ http://itunes.apple.com/WebObjects/MZStore.woa/wa/
   viewPodcast?id=120665664
Le forum du site spécialisé MacMusic.org propose également une section dédiée à GarageBand.
▸ http://en.440forums.com/forums/lofiversion/index.php/f51.html
Les guitaristes utilisateurs du logiciel pourront partager leurs expériences sur le forum de Mac&Guitare.
▸ http://www.macdan.org/forum

C'est pourquoi l'approche choisie se devait d'être radicalement différente. Cet ouvrage s'attache donc à faire découvrir la composition et la production discographique à travers l'outil qu'est GarageBand, du point de vue du musicien. Vous trouverez au fur et à mesure des pages, des méthodes de travail, des conseils plus généraux et des astuces personnelles inédites pour créer et enregistrer les meilleurs morceaux qui soient, c'est-à-dire, les vôtres ! Oui, GarageBand peut se substituer à nombre de programmes plus complets, pour peu que l'on travaille avec rigueur. Si vous n'êtes pas encore utilisateur du logiciel, ou bien que vous en utilisez déjà un autre, nombre d'informations données dans le livre sont facilement transposables, et peuvent constituer autant de pistes de réflexion pour la pratique de votre art.

Ce n'est pas tant la recherche de la recette miracle qui transformera votre chanson en un succès planétaire, mais le chemin que vous prenez pour l'accomplir. En somme, ce qu'il faut en retenir, Steve Jobs l'a admirablement résumé lors de son discours en 2005 devant les étudiants de Standford (http://news-service.stanford.edu/news/2005/june15/jobs-061505.html) : « On ne peut pas prévoir l'incidence qu'auront certains événements dans le futur ; c'est après coup seulement qu'apparaissent les liens. Vous pouvez seulement espérer qu'ils joueront un rôle dans votre avenir. L'essentiel est de croire en quelque chose — votre intuition, votre destin, votre expérience, votre karma, ou ce que vous voulez. Cette approche ne m'a jamais fait défaut, et a fait toute la différence dans ma vie. »

À qui s'adresse le livre ?

Ce livre s'adresse à tous les passionnés de musique qui désirent créer et enregistrer leurs propres œuvres :

- Les musiciens autodidactes y trouveront des clés pour s'initier au langage musical ainsi qu'aux techniques de production discographique.
- Les groupes de musique amateurs (Rock, Rap et musiques électroniques) y découvriront une vision globale des problématiques liées à l'enregistrement ainsi que des méthodes de travail éprouvées.
- Quant aux musiciens les plus aguerris, ils verront comment repousser les limites du logiciel et atteindre une production aboutie et de qualité.

Que trouve-t-on dans cet ouvrage ?

Le découpage du livre suit la logique de réalisation d'une œuvre musicale enregistrée, de la recherche des premières idées jusqu'à la finalisation. Il ne s'agit pas d'un exposé théorique, mais d'un guide de survie pour le compositeur en herbe. De ce fait, vous trouverez des recettes prêtes à l'emploi, tenant compte des contraintes budgétaires liées à la pratique amateur. Y est également consigné ce qui constitue la clef de voûte de la composition : le fonctionnement du langage musical.

- Les chapitres 1 et 2 se consacrent au choix du matériel pour la constitution de son home studio, ainsi qu'à l'installation de GarageBand.
- Le chapitre 3 se destine aux compositeurs néophytes souhaitant élaborer leur premier morceau sans avoir à apprendre le solfège. C'est aussi l'occasion de comprendre l'importance de l'orchestration.
- Les chapitres 4 et 5 permettent de réviser les notions fondamentales de théorie de la musique, car pour partie, elles portent en elles la clef du succès de vos futures compositions.
- Le chapitre 6 concerne la phase préparatoire à l'enregistrement, c'est-à-dire comment préparer son projet GarageBand afin d'être toujours opérationnel, à n'importe quel moment de la journée.
- Le chapitre 7 vous donne des conseils pour bien préparer votre enregistrement et concrétiser vos idées musicales. Pour ne pas vous abandonner à votre sort et tenir compte de vos contraintes de budget, nous avons pris le parti de consigner des recettes de prise de son simples à réaliser et avec du matériel premier prix.
- Les chapitres 8 et 9 expliquent les notions essentielles à observer pour réaliser un mixage de qualité.
- Le chapitre 10 résume les options à votre disposition pour finaliser votre enregistrement depuis GarageBand.
- Le chapitre 11 comporte nombre de trucs et astuces pour dépasser les limites du logiciel.
- Le chapitre 12 vous propose une méthode de travail alternative, s'éloignant des techniques traditionnelles exposées tout au long de l'ouvrage.
- Quant à l'annexe, elle regroupe les raccourcis clavier ainsi que des notions techniques complémentaires.

Remerciements

Pour clore cet avant-propos, je tiens à remercier chaleureusement les personnes suivantes :

Sandrine Paniel qui m'a accompagné tout au long de ce projet, Muriel Shan Sei Fan ainsi que toute l'équipe des éditions Eyrolles pour leur confiance, Lysiane ma formidable épouse pour ses conseils avisés, Chloé Lehmann sans qui les illustrations de chapitre n'auraient pas eu le même cachet.

Bonne lecture à tous, et que ce livre vous permette de débrider votre force créatrice !

David A. Mary

Table des matières

Équiper votre home studio

Un logiciel et un ordinateur ne suffisent pas à couvrir tous les besoins techniques d'un musicien moderne. Votre Macintosh ne constitue qu'un moyen destiné à enregistrer, organiser, manipuler et altérer un matériau sonore. Avant de se plonger au cœur du sujet (la composition, l'enregistrement et le mixage), il convient de savoir équiper son studio personnel de façon cohérente.

L'atelier du musicien moderne se décompose en trois séries d'éléments complémentaires. Tout d'abord, l'ordinateur et les logiciels spécialisés constituent le centre névralgique des opérations. Ensuite, nous trouvons l'ensemble des périphériques destinés à la restitution du son (enceintes, casque, carte son), ainsi qu'à l'enregistrement (micros, pré-amplificateurs...). Enfin, au plus proche de vous, de votre inspiration, de vos préoccupations artistiques, se trouve votre instrument de prédilection. Il pourra s'agir de votre organe vocal ou des sempiternelles guitares, piano, basse, percussions, voire d'échantillonneurs, synthétiseurs, ou autres platines vinyles... tout ce qui vous sert à produire de la musique de façon immédiate et spontanée !

HISTOIRE **L'origine du home studio**

Le studio à demeure apparaît progressivement au cours des années 1980, avec la démocratisation du matériel d'enregistrement, de mixage et des instruments de musique électroniques notamment. Aux magnétophones multi-pistes à cassettes (pour l'entrée de gamme), ou à bandes ¼ et ½ pouce (en moyen ou en haut de gamme) succéderont les stations de travail numériques (appelées *workstations*). Il faudra tout de même attendre l'année 1996 et l'arrivée de Cubase VST de Steinberg sur la plate-forme Macintosh PowerPC, pour que le *home studio* prenne la forme que l'on connaît aujourd'hui, c'est-à-dire essentiellement virtuelle. Notez aussi que les termes anglais *project studio* et *home studio* désignent à l'origine la même réalité. Le glissement sémantique observé ces dix dernières années tend à présenter le *project studio* comme un lieu aménagé avec sérieux, à vocation purement professionnelle — reléguant du même coup la pratique du home studio à un petit laboratoire improvisé... ce qu'il n'est assurément pas !

Le Macintosh et sa dotation de base

GarageBand '09 nécessite le système d'exploitation Mac OS en version 10.5.6 ou ultérieure (Mac OS 10.6 compris). L'application fonctionne avec 1 Go de mémoire vive. Cependant, nous vous recommandons au minimum le double, afin que la lecture des différentes pistes s'effectue avec une plus grande fluidité. Pour ce qui est du processeur, un Intel Core 2 Duo est l'idéal, et même requis si vous désirez utiliser la fonction *Apprendre à jouer*. Outre la capacité de stockage du disque dur, sa rapidité en lecture et en écriture s'avère tout autant décisive. Aussi, pour de meilleures performances, il ne faut pas hésiter à remplacer le disque interne, ou bien, au moment de l'achat de l'ordinateur, à opter pour un modèle de substitution plus véloce.

> À SAVOIR **La vélocité des disques durs**
>
> Plusieurs facteurs conditionnent la rapidité des accès disques en lecture ou en écriture. Soulignons parmi eux la norme de l'interface (actuellement Serial ATA dit S-ATA), la rotation des plateaux (privilégiez au minimum du 7 200 tours/minutes) et la mémoire cache (de 8 à 32 Mo).

Dès lors, le choix d'un portable plutôt que d'un ordinateur de bureau correspond avant tout à votre manière de travailler. Si vous adoptez la *Garage-Band Attitude* (appellation personnelle contrôlée !), les modèles MacBook, MacBook Pro ou Mac Mini feront parfaitement l'affaire. La méthode consiste à appliquer une bonne vieille recette digne des premiers temps du Rock : limiter le nombre de pistes enregistrées et procéder à des mixages intermédiaires. C'est de cette manière que les Beatles ou les Rolling Stones travaillaient. Aussi, pourquoi ne pas les imiter ? Au contraire, si vous souhaitez disposer de pistes d'enregistrement et d'effets à foison, l'iMac ou le Mac Pro, bien plus performants, seront alors incontournables !

La carte son

Les modèles actuels de Macintosh possèdent en standard un périphérique audio doté d'une entrée et d'une sortie, toutes deux à la fois analogiques et numériques au format mini-jack. C'est le cas notamment des iMac, Mac Mini, et MacBook. La qualité se révèle suffisante si votre domaine artistique se limite aux musiques électroniques ou si vous faites appel à l'utilisation exclusive d'échantillons audio.

A contrario, pour tous les travaux de prise de son, ou pour une restitution sonore optimale, il vous faudra acquérir un périphérique adapté. Outre l'investissement, le choix portera sur les critères suivants :

- la qualité des convertisseurs analogiques/numériques employés ;

- la diversité de la connectique fournie (prises XLR pour micro, alimentation fantôme, sorties séparées...) ;
- l'assurance de la pleine compatibilité du matériel avec le système d'exploitation de votre ordinateur (Mac OS 10.5 ou 10.6).

PCI Express

Les cartes audio au format PCI Express sont destinées au modèle Mac Pro. Leur installation nécessite obligatoirement l'ouverture du boîtier de l'ordinateur. Soulignons qu'Apple autorise le remplacement de *certaines* pièces par l'utilisateur sans risquer l'annulation de la garantie. Sont concernés notamment sur Mac Pro, la mémoire vive, le disque dur et les cartes d'extension. Bien qu'en anglais, une notice explicative est en téléchargement sur le site du constructeur californien : http://manuals.info.apple.com/en/MacPro_PCIeCard_DIY.pdf.

Hélas, l'offre pour la plate-forme Apple est restreinte et dispendieuse. Comptez un peu moins de 1 000 € pour 2408 MK3 PCI Express de la société Mark Of The Unicorn (MOTU).

USB ou Firewire ?

Les périphériques audio externes sont proposés selon les normes USB 1, USB 2 et Firewire. L'USB 1 est à bannir, car le taux de transfert des données est trop bas, rendant la lecture ou l'enregistrement erratique. Chose rassurante, on n'en trouve quasiment plus sur le marché !

Quant à choisir entre l'USB 2 et le Firewire, cela dépend avant tout de l'ordinateur utilisé. Malgré tout, la qualité de prise en charge de ces périphériques externes par le Macintosh diffère radicalement.

EXEMPLE **MacBook et USB**

Datant de 2008, Le MacBook 13 pouces Unibody ne dispose que de prises USB 2. Cependant, si le modèle MacBook blanc de la même année était encore pourvu d'une prise Firewire 400 en plus de ses ports USB, son remplaçant (datant d'octobre 2009) ne possède qu'une connectique USB 2.0.

FIGURE 1-1   *Port USB et Firewire 400 d'un MacBook Pro*

En effet, si les boîtiers à la norme Firewire sont gérés nativement par le système d'exploitation et ce, dès le branchement, il en va autrement pour l'USB. Dans ce cas, il est impératif d'installer un petit logiciel (un *pilote*, ou *driver* en anglais) qui aura en charge le bon fonctionnement du périphérique. Vous devrez donc vous assurer à chaque mise à jour de Mac OS X qu'aucune incompatibilité ne survient, ce qui rendrait votre matériel inexploitable. Aussi, avec l'USB, vous êtes dépendant de la politique de suivi des produits d'un constructeur. Les modèles premiers prix ont une connectique assez chiche, voire peu variée. On trouve généralement des prises mini-jack, jack 6,5 mm, ou RCA. Tout ceci ne pose en aucun cas problème : la seule condition est de posséder une table de mixage ! Par son intermédiaire, vous pourrez employer des micros à condensateurs, ou bien encore, enregistrer plusieurs musiciens à la fois.

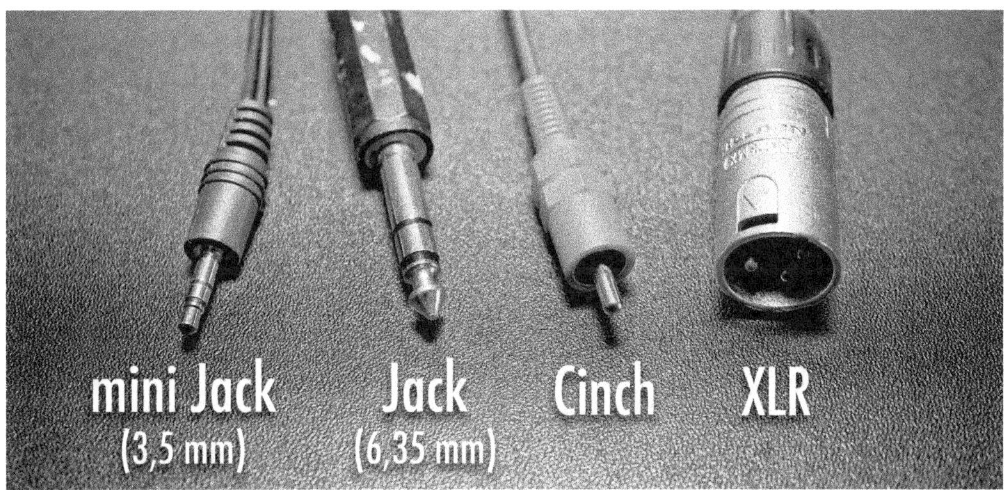

FIGURE 1-2   *Sauriez-vous reconnaître ces fiches ?*

Dans le cadre d'un home studio, il est sans doute plus judicieux de jeter votre dévolu sur un matériel proposant à la fois des connectiques variées et des effets internes de bonne qualité. Ainsi, l'achat d'une table de mixage peut aisément être différé.

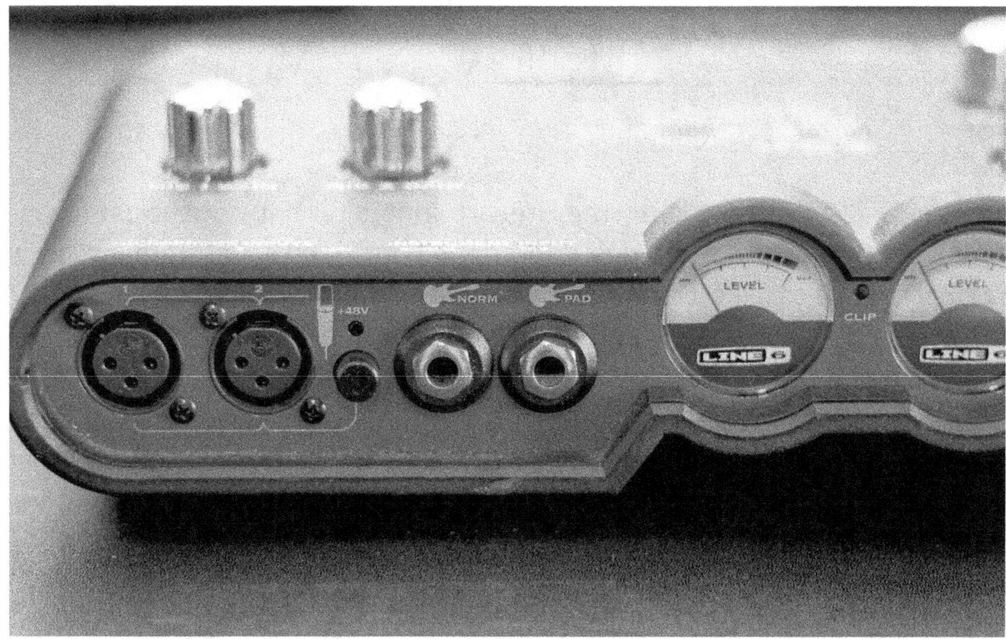

FIGURE 1-3   *Boîtier audio externe doté de prises XLR et Jack*

L'interface MIDI

Ce périphérique est indispensable pour tous les musiciens exploitant des instruments électroniques comme les synthétiseurs, échantillonneurs, boîtes à rythme... Mais il s'adresse aussi aux guitaristes utilisant un contrôleur spécialisé (à l'instar du GR 20 de Roland). Dès lors, trois possibilités s'offrent à vous :

> **La guitare synthétiseur**
>
> Le GR 20 GK de Roland transforme une guitare électrique en un synthétiseur MIDI. Il se présente sous la forme d'un kit comprenant un capteur à placer sur la table de l'instrument, ainsi qu'un pédalier intégrant un générateur de sons.

- Vos instruments ne disposent que de prises MIDI IN/OUT/THRU, auquel cas il vous faut investir dans un boîtier à la norme USB comme ceux proposés par M-Audio (MIDISport).

FIGURE 1-4   *Boîtier MIDI*

- Une alternative est possible : vous investissez dans un périphérique à la fois audio et MIDI pour des questions d'ordre pratique ou financier. Dans cette hypothèse, privilégiez le matériel à la norme Firewire.

> EXEMPLE **Matériel Firewire**
>
> Citons à titre d'exemple AudioFire 2 ou AudioFire 4 de Echo, FireOne de Tascam, FireBox de Presonus, Konnekt 8 de TC Electronic.

- Enfin, les claviers maîtres et synthétiseurs récents utilisent la liaison USB pour dialoguer en MIDI avec GarageBand.

> **Norme MIDI**
>
> MIDI est l'acronyme de *Musical Instrument Digital Interface*. Ce protocole d'échange de données est apparu en 1982, permettant à tous les appareils électroniques compatibles de dialoguer entre eux.

Les enceintes de proximité

Le dernier chaînon de la reproduction sonore est assuré par les haut-parleurs. Ceux intégrés au Macintosh n'ont que peu d'intérêt pour un travail sérieux. Aussi, l'achat de moniteurs de proximité est incontournable. Deux solutions sont envisageables : soit vous vous décidez pour l'acquisition séparée de deux enceintes et d'un amplificateur, soit vous optez pour le tout-en-un que l'on nomme moniteurs amplifiés. Nous vous recommandons cette dernière solution pour des raisons de compacité et d'homogénéité de l'offre.

CONSEIL **Les enceintes de studio**

Appelées également *moniteurs*, les enceintes de studio ont pour caractéristique première une réponse linéaire en fréquence (aucune partie du spectre sonore n'est favorisée), ce qui autorise de fait une appréciation plus objective du mixage. Les moniteurs amplifiés dont nous faisons l'éloge pour l'utilisation en home studio sont également dénommés enceintes actives amplifiées. Elles sont *actives* parce que le filtrage des fréquences graves et aiguës a lieu avant l'amplification. Elles sont *amplifiées*, car, comme vous le devinez aisément, elles intègrent un amplificateur de puissance. Ce type de moniteurs nécessite obligatoirement une alimentation électrique pour fonctionner.

Voici trois modèles qui méritent votre attention :

- Beringher B 2031A (la paire : 315 € environ) ;
- Yahama MSP 5 Studio (la paire : 500 € environ) ;
- Mackie HR824 mk II (la paire : 1178 € environ).

Le clavier MIDI

Un clavier électronique n'est pas obligatoire, mais il reste le plus court chemin pour utiliser les nombreux instruments logiciels inclus dans GarageBand. Plusieurs possibilités s'offrent à vous : il pourra s'agir d'un piano numérique, d'un orgue électronique, ou d'un synthétiseur — tous devant être à la norme MIDI. Le clavier maître quant à lui est une coquille vide : il ne dispose, en effet, d'aucun générateur de sons. Aussi, en home studio, c'est le Macintosh qui remplira cet office. Le choix d'un modèle s'articule autour des paramètres suivants :

- Le nombre de touches du clavier – Si le piano est pour vous une pratique quotidienne, ne choisissez pas un modèle possédant moins de 4 octaves : il serait dès lors impossible d'exécuter correctement l'accompagnement main gauche ainsi que les accords et la mélodie produits avec la main droite. Les modèles à deux octaves peuvent très bien s'envisager dans le cadre d'un studio nomade, ou pour entrer des idées de mélodie dans un séquenceur.
- Le toucher d'un clavier – Le pianiste se trouvera plus à l'aise avec un toucher lourd ou à marteaux. En revanche, pour retrouver la mollesse d'un clavier de synthétiseur ou d'orgue, il faut se reporter sur des modèles offrant un toucher lesté ou semi-lesté.
- Les possibilités d'expression – La musique nécessite la reproduction de toute une palette de timbres d'intensité faible à forte. Cette différence de dynamique doit pouvoir s'exprimer avec toutes les nuances qui s'imposent. Aussi, veillez à ce que l'instrument choisi propose différentes courbes de vélocité et dispose de l'*aftertouch*.
- La connectique – Si l'instrument se pare d'une prise USB, cela vous dispensera d'acheter une interface MIDI complémentaire.

> À SAVOIR **L'aftertouch et l'expressivité**
> L'aftertouch offre des moyens d'expression intéressants comme la possibilité de continuer à agir sur le timbre sonore, bien que les touches du clavier demeurent enfoncées.

Le micro

Dans le cadre d'une prise de son à votre domicile, il ne faut pas songer à la polyvalence du microphone, mais plutôt à quoi vous le destinerez principalement.

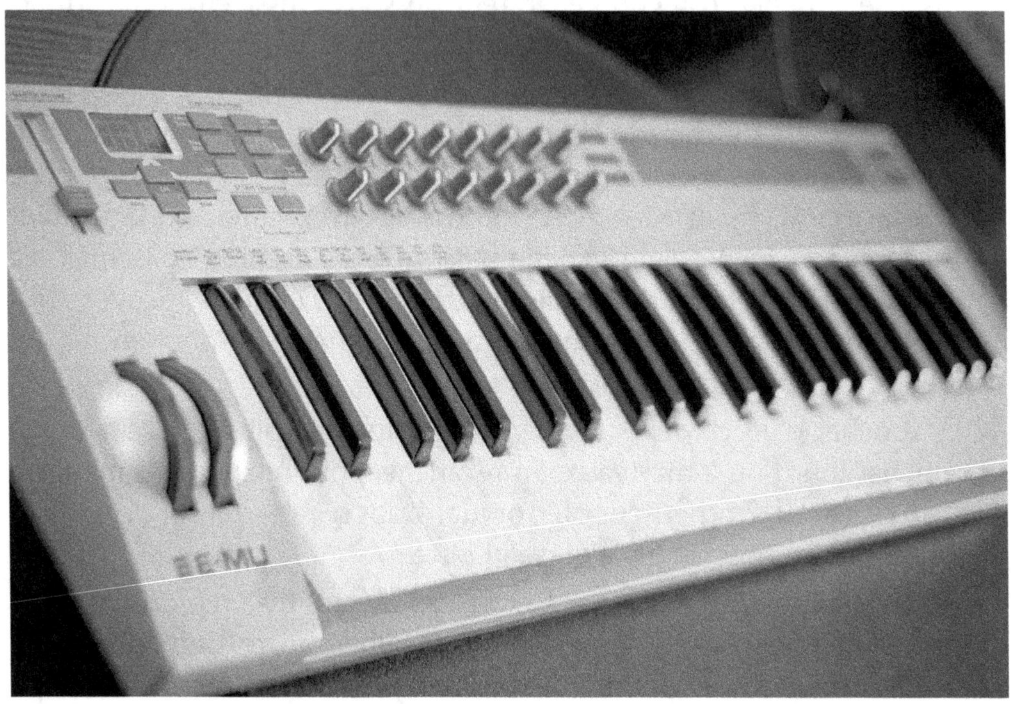

Figure 1-5   *Clavier MIDI 4 octaves*

Plusieurs technologies s'affrontent : électrostatique à condensateur ou à électret, dynamique, à ruban, magnétique... Aussi, découvrons quelques modèles par l'exemple :

- Pour la voix, privilégiez les micros électrostatiques à condensateur. Ils nécessitent une alimentation électrique (généralement transmise par votre périphérique audio externe, ou par le biais d'un pré-amplificateur). Leur sensibilité et leur définition sont propices au travail en studio. Par contre, ils sont très fragiles et supportent difficilement les pressions acoustiques élevées (un trop grand volume sonore provenant d'un instrument ou d'un amplificateur guitare...) ou certaines vibrations soudaines (incluant les petites tapes faites sur la capsule). Un pied de micro équipé d'une suspension et d'un filtre *antipop* seront les accessoires de choix pour préserver le micro des vibrations indésirables et d'éventuelles projections de salive (préjudiciables pour la capsule). Vous pouvez tout de même les mettre à contribution pour capter le son de guitare acoustique, voire même de l'amplificateur d'une guitare électrique.

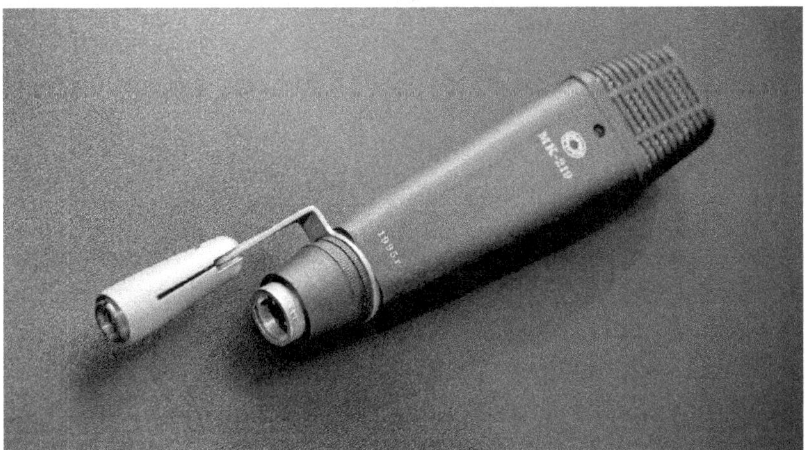

FIGURE 1-6   *Micro électrostatique*

- Souvent très onéreux, mais parfaitement à l'aise pour l'enregistrement de la voix, le micro à ruban est une excellente alternative. En revanche, si le son obtenu est naturel et précis, ce type de micro s'avère aussi d'une extrême fragilité.
- Le micro dynamique, quant à lui, est un modèle robuste et capable de gérer de fortes pressions acoustiques. Même s'il est destiné à la scène, il trouve parfaitement son emploi en studio, que ce soit pour toutes les percussions, les vents ou encore les guitares... De plus, il ne requiert aucune alimentation électrique pour fonctionner.

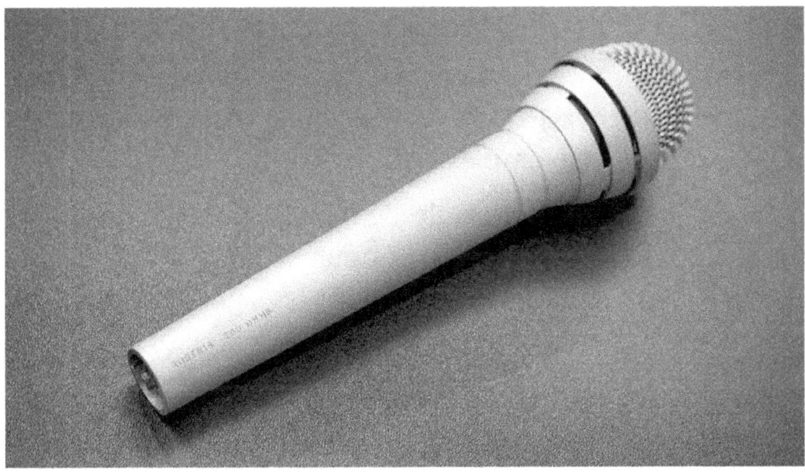

FIGURE 1-7   *Micro dynamique*

Avant de procéder à l'achat, demandez à essayer le micro afin de vérifier qu'il est conforme à vos attentes. Vous serez parfois surpris de constater que certains modèles très réputés ne font pas bon ménage avec votre voix ou votre instrument de prédilection.

COMPRENDRE **La directivité**

Outre la technologie employée, le deuxième critère de différenciation est la directivité. De façon prosaïque, il s'agit de la manière dont les sonorités sont captées par la capsule. En home studio, vous utiliserez le plus souvent des micros à directivité unidirectionnelle (vers l'avant du micro), et de type cardioïde (la zone sensible prenant la forme d'un cœur). L'hypercardioïde étend sa sensibilité à un petit lobe arrière. Quant aux micros omnidirectionnels et bidirectionnels (captant respectivement à 360 degrés ou de façon identique à deux endroits de la capsule), ils vous seront utiles en interview, pour la prise de son d'ambiance, ou bien encore pour la mise en œuvre de techniques avancées d'enregistrement d'instruments de musique, mais également pour celui des chœurs...

La table de mixage

La table de mixage est encore et toujours l'une des pièces maîtresses des studios d'enregistrement professionnels. Cependant, au sein d'un home studio, elle ne constitue en rien un achat primordial, à condition, bien sûr, de posséder un périphérique audio richement pourvu en connectiques, et paré d'un ou plusieurs pré-amplificateurs micro avec alimentation fantôme, comme le Behringer Xenyx 1622FX (218 €) ou le Mackie 1402 VLZ3 (450 €), pour ne citer que deux exemples.

Il faut également veiller à ce que la console de mixage possède au moins une piste de sous-groupe. Par ce biais, vous pourrez envoyer les instruments à enregistrer à la carte son, tout en écoutant les signaux sonores de GarageBand.

 L'alimentation fantôme

Les micros électrostatiques nécessitent une alimentation électrique pour fonctionner. Véhiculée par le câble du micro, elle est fournie par une table de mixage, ou un boîtier de pré-amplification. La tension délivrée varie entre 9 et 48 volts. Le qualificatif *fantôme* (ou *phantom* en anglais) vient de l'absence de répercussion de l'alimentation électrique sur le signal sortant du micro (à peine mesurable et se comptant en millivolts).

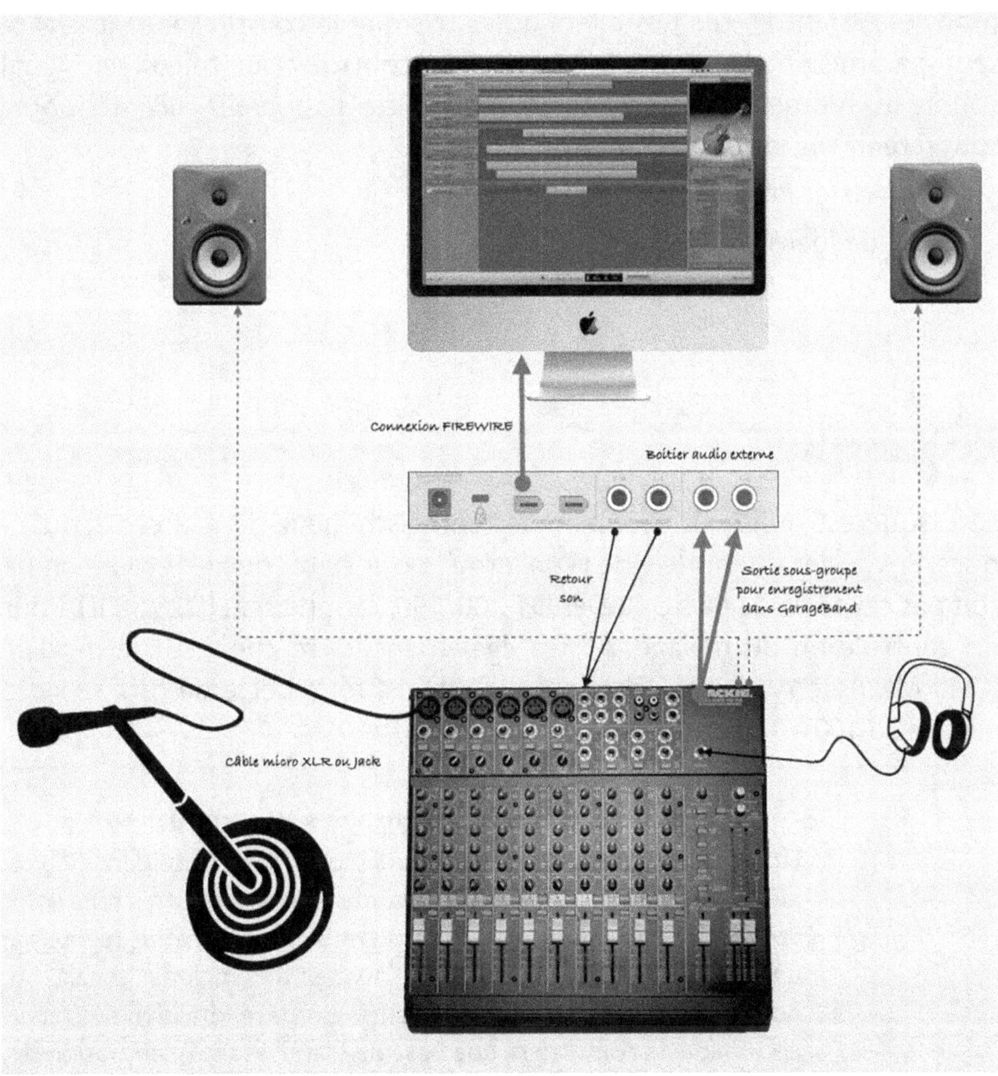

FIGURE 1–8   *Exemple de raccordement*

Le pré-amplificateur micro

Nous avons placé ce périphérique à la fin de notre liste, car généralement, pour des raisons budgétaires, on préférera jeter son dévolu soit sur un boîtier audio externe pourvu d'un pré-amplificateur micro, soit succomber aux charmes d'une table de mixage. Pour mémoire, le pré-amplificateur augmente la tension en sortie d'un micro et le rend directement utilisable par le reste de la chaîne de traitement sonore. Entre autres avantages, il est à même d'alimenter en électricité les micros électrostatiques. Certains modèles offrent en sus des effets utiles tels que le compresseur et l'égaliseur paramétrique, vous permettant de contrôler au mieux le signal sonore au moment de l'enregistrement. Les trois appareils suivants pourront retenir toute votre attention :

- TrakMaster Pro de Focusrite (219 €) ;
- Six Q de JoeMeeK (415 €) ;
- Ivory 2 5050 de TL Audio (479 €).

Le casque

Le casque est utilisé au moment de l'enregistrement de sources acoustiques. Privilégiez un modèle de type fermé, pour éviter que le retour son ne soit pas capté par le micro (Beyer DT 100/150, Sennheiser HD25 SP II). Pour un contrôle fin du mixage, portez également votre choix sur le modèle K240 Mk II de AKG (modèle semi-ouvert). La fourchette de prix se situe autour de 100 à 130 euros.

> CONSEIL **Les accessoires indispensables au compositeur**
>
> Emportez avec vous un petit carnet pour noter rapidement vos idées : des paroles, des suites d'accords, ou toutes autres réflexions utiles dans le cadre de la production musicale. De même, recourir à un dictaphone pour enregistrer à la volée une mélodie vocale, ou quelques accords avec votre instrument vous rendra bien des services. Tout cela constituera une base de travail avant l'élaboration de votre première maquette dans GarageBand.

TABLEAU 1-1 **Aménagement du home studio : la fiche récapitulative**

Zone 1 : le cœur du studio
Macintosh Intel pourvu de 2 Go de RAM minimum Deux moniteurs amplifiés Carte son externe USB 2 ou Firewire, avec préamplificateur micro et alimentation fantôme Boîtier MIDI (facultatif)
Zone 2 : la capture et le routage des sons
Un micro pour le chant et/ou un second pour la prise de son acoustique de votre instrument Un préamplificateur pour micro intégrant un compresseur (facultatif) Une table de mixage (facultatif)
Zone 3 : au plus proche de l'artiste
Un clavier maître ou tout autre instrument compatible MIDI Tous les autres instruments acoustiques utiles à la création
Les accessoires à prévoir
Câbles, casques (pour l'enregistrement), pieds de micro, suspension et filtre antipop

ERGONOMIE **Un environnement confortable et performant**

Trouvez un moyen confortable de travailler. Tout ce dont vous avez besoin (instrument, table de mixage...) doit se situer entre l'ordinateur et vous. De même, les moniteurs de proximité se placeront de part et d'autre de l'écran du Macintosh, en prenant soin de diriger chaque enceinte dans votre direction. Veillez à ce que les tweeters (le haut-parleur destiné à reproduire les sons aigus) soient à hauteur d'oreille. Enfin, pour éviter le renfort des basses fréquences, éloignez-les quelque peu des cloisons !

En résumé

Un home studio bien aménagé doit rendre conviviaux les rapports entre le musicien, son instrument de prédilection et les outils dédiés à l'enregistrement. Aussi, une seule règle s'applique : le bon matériel au bon endroit du studio !

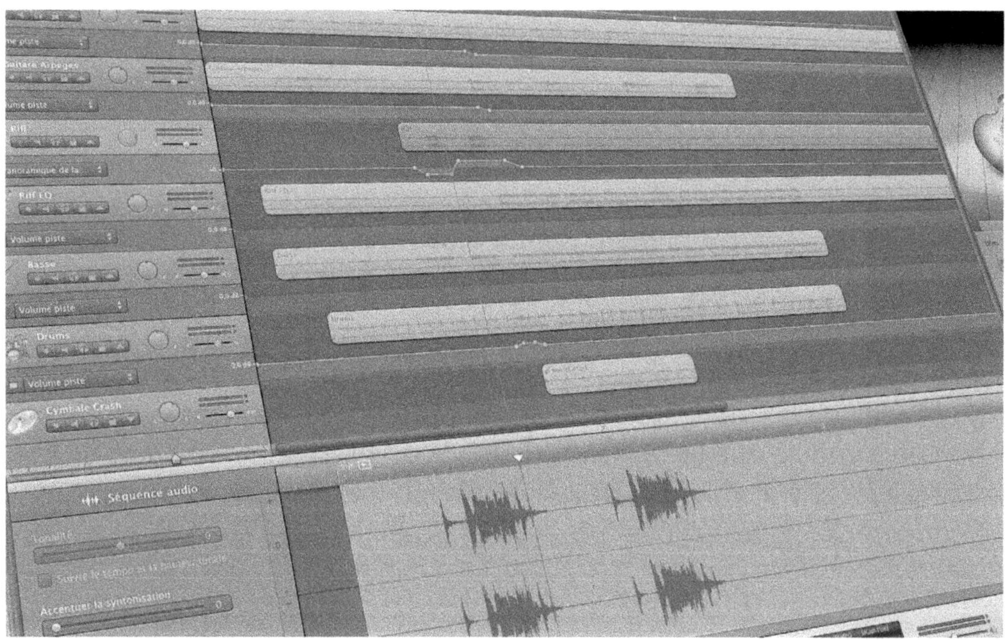

Découvrir GarageBand

Apple a conçu GarageBand comme une application simple d'accès, et destinée à un très large public. Avec un tel outil, il n'est nullement nécessaire d'avoir des connaissances musicales pour produire une composition qui sonne juste.

GarageBand recourt à une large bibliothèque d'extraits musicaux dont les éléments s'assemblent à la manière d'un jeu de Lego. Si ce mode de fonctionnement convient à toute personne voulant s'initier à la musique, le logiciel sait aussi s'adapter aux musiciens aguerris. Pour cela, il dispose d'un grand nombre de fonctions que l'on retrouve sur les séquenceurs professionnels : la possibilité d'enregistrer des instruments acoustiques ou électroniques, de les mixer, d'ajouter des effets (réverbération, écho...), de modifier et d'imprimer ses partitions, ou bien encore de graver ses œuvres sur CD.

Faisons les présentations

La grande différence avec tous les autres compétiteurs du marché réside dans le fait que, pour une fois, vous pouvez envisager l'enregistrement d'une maquette aussi simplement que si vous vous mettiez à jouer de votre instrument favori. En effet, voici quelques-uns des désagréments auxquels vous faites face avec les séquenceurs professionnels :

- Les possibilités offertes étant tellement grandes, vous passez plus de temps à vouloir tout essayer plutôt qu'à produire un contenu qui vous est personnel.
- Vous ne disposez d'aucune fonction qui simplifie l'accès aux banques de sons, aux instruments virtuels... Aussi, il vous faudra passer du temps à créer un environnement de travail prêt à l'emploi en chargeant sur la console virtuelle des éléments dont vous aurez besoin, comme si vous étiez dans un vrai studio !
- Vous devez maîtriser d'emblée le parcours qu'emprunteront les signaux audio sur la console virtuelle, et donc paramétrer bien en amont les pistes, les sous-groupes et autres départs d'effets.
- Si ce mode de travail est particulièrement adapté à l'ingénieur du son, le compositeur-interprète doit en revanche s'épanouir avec des outils qui le mettent en confiance, et qui ne lui fassent pas perdre toute inspiration.

> À SAVOIR **À la recherche du temps perdu**
> Le temps et l'énergie dépensés à câbler votre studio virtuel, avant chaque enregistrement, vous conduiront inexorablement à perdre toute inspiration. C'est là que GarageBand trouve tout son sens, puisque, contrairement aux autres séquenceurs, il permet un travail simple et intuitif.

Less is more

Bien que ne disposant pas de certaines fonctions avancées qui sont l'apanage de solutions beaucoup plus onéreuses, GarageBand est cependant en mesure de rivaliser avec elles. Voici une liste des arguments qui font de la composition avec ce logiciel une expérience agréable et fructueuse :

- Le nombre de commandes étant réduit, vous vous familiarisez très rapidement avec l'application. Cela vous oblige également à vous concentrer sur votre composition, sans chercher la fonction miracle, qui corrigerait spontanément vos erreurs. Il est d'ailleurs inutile de la chercher, et ce, quel que soit le logiciel employé... car elle n'existe pas !
- L'absence de certaines fonctions de routage sonore ne doit pas vous faire oublier qu'une majorité d'œuvres marquantes de la musique populaire occidentale ont été produites avec un nombre réduit de pistes et d'effets.
- Vous ne perdrez plus votre temps à organiser votre disque dur avant de commencer à travailler. GarageBand s'occupe de ces aspects logistiques à votre place.
- Lorsque vous lancez le logiciel, tout est déjà opérationnel. Les échantillons sonores et les instruments virtuels sont accessibles en trois clics de souris.

> À RETENIR **L'éloge du moins**
> Comme le répétait à l'envi l'architecte Ludwig Mies Van der Rohe *Less is more (ou reformulé avec humour « Qui peut le moins peut le plus ! »)*. Le minimalisme des commandes de GarageBand garantit à son utilisateur des repères stables et facilite la prise de décision artistique. Il ne faut donc pas confondre le nombre de paramètres à disposition avec la qualité du traitement opéré.

Un installateur facétieux

Si vous avez acheté votre Macintosh après le 30 janvier 2009, GarageBand '09 est déjà présent sur votre disque dur. Aussi, vous pouvez l'utiliser sans autre forme de procès. Dans les autres cas, il faut procéder à l'installation de l'application depuis le DVD-Rom du pack *iLife '09*.

> RAPPEL **Configuration requise pour GarageBand**
>
> Pour profiter au mieux de GarageBand, vérifiez que vous disposez bien de :
> - un Mac Intel doté d'un processeur double cœur (Core Duo ou Core 2 Duo) ;
> - 1 Go de mémoire vive ;
> - Mac OS X 10.5.6 ou version ultérieure (inclus Mac OS X 10.6) ;
> - QuickTime 7.5.5 ou version ultérieure ;
> - 4 Go d'espace disque disponible environ.

1 Insérez le DVD-Rom dans votre ordinateur. Un message d'avertissement s'affiche au lancement de l'installateur. Prenez-en connaissance, puis cliquez sur le bouton *Accepter*.

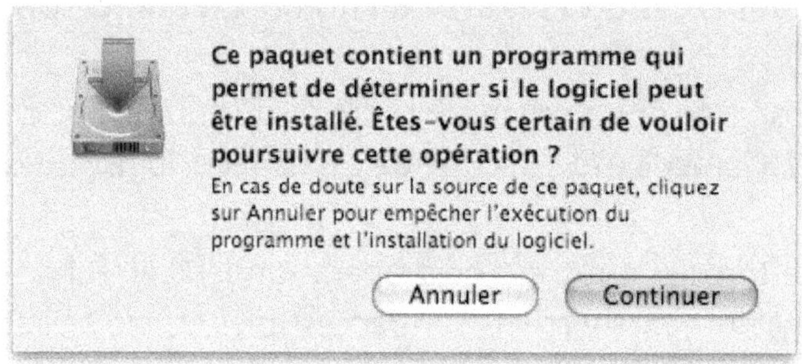

FIGURE 2–1   *Un message d'alerte s'affiche en préambule à toute installation. Le programme détermine alors si la configuration système et matérielle est compatible avec iLife '09.*

2 Dans le coin inférieur droit de la fenêtre, cliquez sur le bouton *Continuer*, trois fois, coup sur coup. Vous passerez dès lors de la fenêtre d'introduction aux informations relatives à la version '09, avant de voir s'afficher le contrat de licence.

3 Acceptez les termes du contrat.

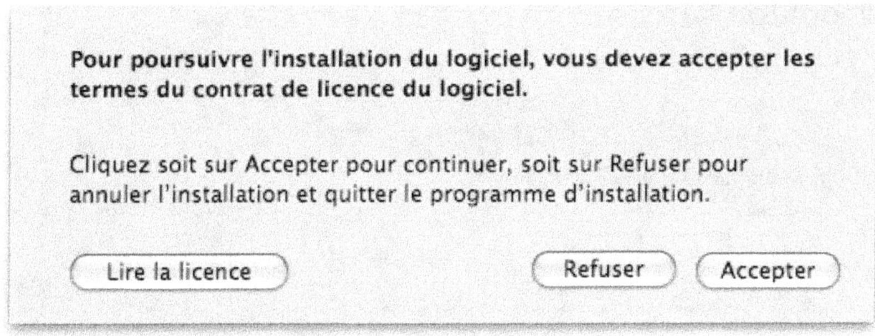

Figure 2–2   *Acceptez les termes du contrat*

4 Sélectionnez ensuite le disque dur sur lequel l'installation va s'effectuer. À l'étape suivante, ne procédez pas à une installation standardisée. En effet, en fonction de la version d'iLife précédemment installée sur votre Macintosh, une partie des échantillons sonores utiles au fonctionnement de GarageBand manquerait à l'appel. Cliquez, à la place, sur le bouton *Personnaliser*.

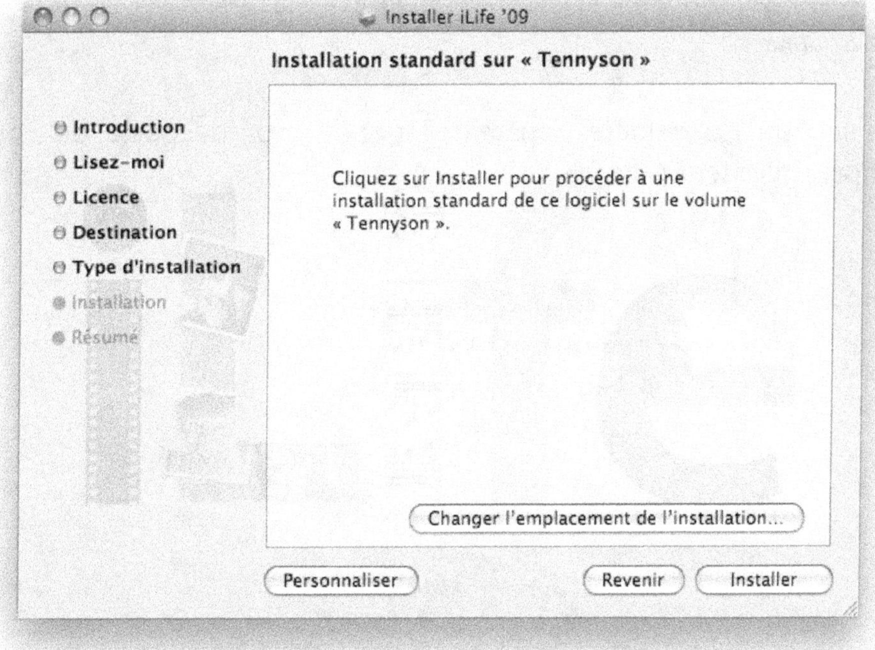

Figure 2–3   *Demandez l'installation personnalisée*

5 Dans la nouvelle fenêtre, veillez à ce que les cases suivantes soient cochées : *GarageBand*, *Instruments et boucles*, *Sons et jingles*. Enfin, appuyez sur le bouton *Installer*.

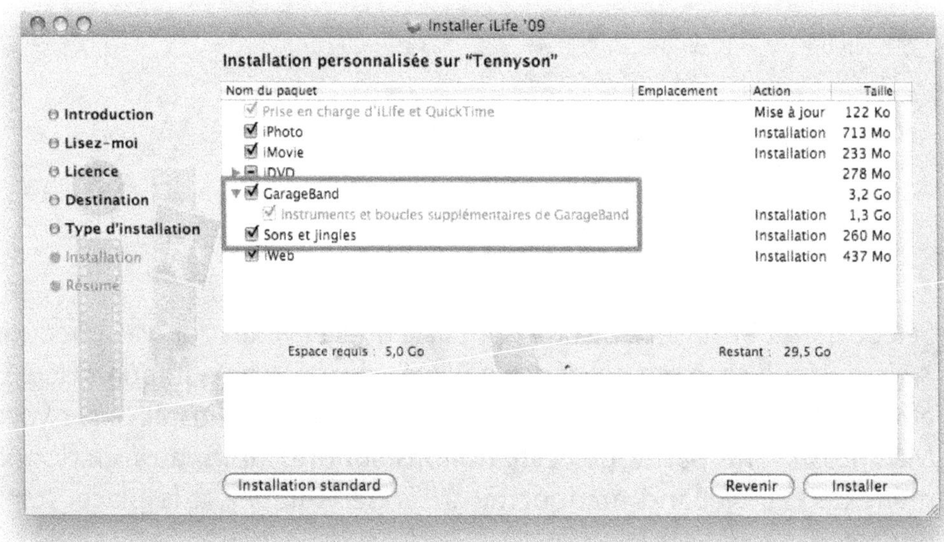

FIGURE 2-4   *Veillez à ce que toutes les options relatives à GarageBand soient sélectionnées*

6 Une fenêtre de requête apparaît. Tapez le mot de passe de votre compte utilisateur Mac OS X.

FIGURE 2-5   *Entrez votre mot de passe*

7 L'installation achevée, il convient également de mettre à jour l'ensemble de la suite logicielle. Avant cela, assurez-vous que votre ordinateur est bien relié à Internet. À présent, rendez-vous dans le menu *Pomme* et demandez *Mise à jour de logiciels*.

FIGURE 2-6 *Mise à jour de logiciels*

8 Suivez les instructions à l'écran, procédez à toutes les mises à niveau nécessaires : cela concerne tout autant le système d'exploitation que les logiciels iLife dans leur ensemble.

La fenêtre d'accueil

À la première ouverture de l'application, ou lorsqu'aucun projet Garage-Band n'est en cours d'élaboration, une fenêtre d'accueil se présente à vous. Elle regroupe des configurations de projet s'adaptant aux besoins supposés de l'utilisateur.

Les sections *Nouveau projet* ①, *Magic GarageBand* ② et *Sonnerie pour iPhone* ③ sont dévolues à la création sonore. *Apprendre à jouer* ainsi que le *Magasin de cours* ④ s'adressent à tous les musiciens (du débutant au plus expérimenté), que ce soit pour parfaire leurs connaissances théoriques ou comprendre et jouer les œuvres de leur artiste et groupe favoris. Enfin, en contrebas, sont listés les projets récents ⑤ sur lesquels vous avez travaillé. Soulignons toutefois que le choix d'un type de projet plutôt qu'un autre au sein de la fenêtre d'accueil n'a aucune incidence sur la conduite de votre travail. Une grande partie des configurations proposées par GarageBand est redondante.

FIGURE 2-7   *La fenêtre d'accueil de GarageBand*

Prise en main de GarageBand

La fenêtre principale de travail possède un mode d'organisation relativement identique à tous les autres séquenceurs du marché. La colonne de gauche répertorie les différentes pistes ainsi que les fonctions qui lui sont associées.

Au centre s'affichent les portions de musique enregistrées, sous la forme de briques de couleur, que l'on nomme *régions*.

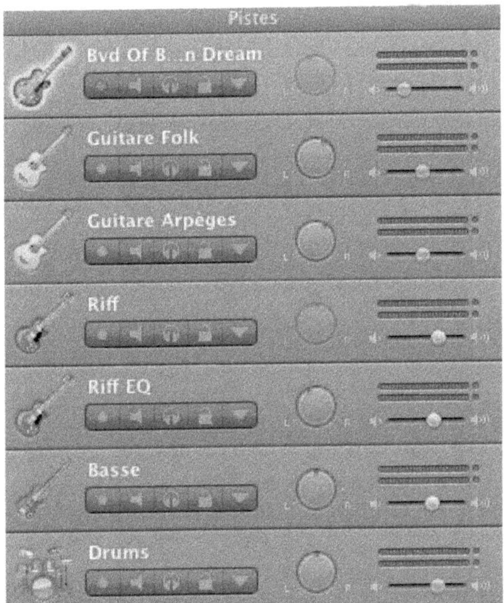

Figure 2-8   *L'en-tête de piste*

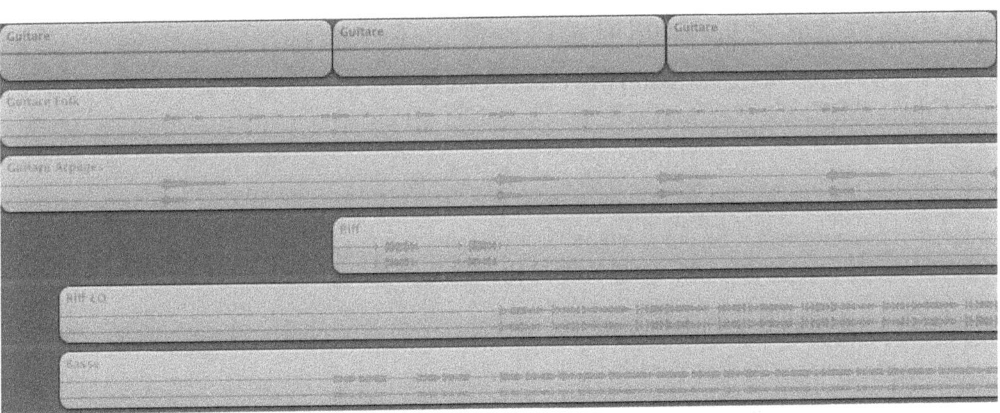

Figure 2-9   *La musique enregistrée s'affiche sous forme de briques*

En haut de l'interface s'affiche le découpage rythmique (en temps et mesures) sous la forme d'une règle graduée.

Figure 2-10   *Le découpage en temps et mesures*

La tête de lecture vous indique à quel endroit du morceau vous vous situez. Vous pouvez la positionner comme bon vous semble, à l'aide de la souris.

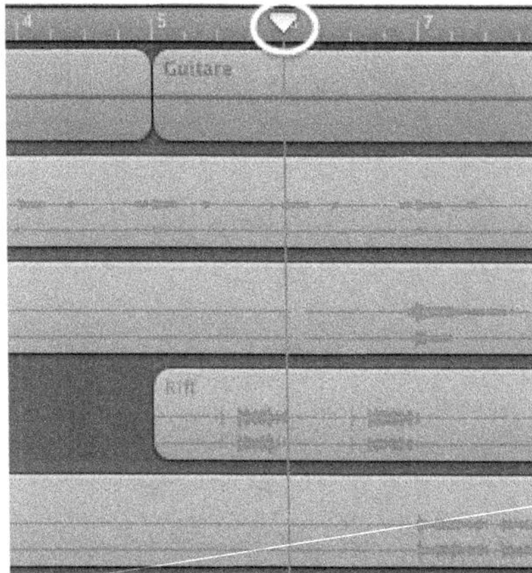

FIGURE 2–11   *La tête de lecture.*

En actionnant la réglette de zoom située au bas de la colonne des en-têtes de piste, vous affinez la précision d'affichage de la séquence.

FIGURE 2–12   *La réglette de zoom*

En appuyant sur le bouton *Infos de piste* (dans le coin inférieur droit de l'interface), vous accédez aux caractéristiques de la piste sélectionnée.

FIGURE 2–13   *Le bouton Infos de piste*

Le panneau de droite affiche le type d'instrument choisi, ainsi que les effets utilisés.

FIGURE 2-14 *Les caractéristiques de la piste sélectionnée*

Notez aussi qu'en appuyant sur le bouton en forme d'œil en contrebas de la fenêtre, le panneau de droite autorise l'examen de la bibliothèque de boucles sonores.

> POUR ALLER PLUS LOIN **Boucles sonores**
> Nous nous intéresserons aux boucles sonores aux chapitres 7 et 11.

FIGURE 2-15 *Le bouton Navigateur de boucles*

Quant au bouton *Navigateur multimédia*, il vous permet d'accéder directement aux musiques, photos et vidéos contenues dans votre ordinateur. Son utilité est avérée dans le cadre de l'élaboration d'un podcast, ou lorsque l'on souhaite réaliser l'illustration sonore d'une séquence vidéo.

FIGURE 2-16 *Le bouton Navigateur multimédia*

Enfin, la barre d'outils située en bas d'écran regroupe notamment les fonctions de transport ❶, de création de piste ❷, et d'édition sonore avancée ❸.

FIGURE 2-17 *La barre d'outils*

Une méthode de travail

Plutôt que de parler de flux de production (ou *workflow* en anglais), nous préférons ici employer l'expression *méthode de travail*. En effet, le fait de produire de la musique ou de réfléchir sur des concepts artistiques relève des innombrables définitions appliquées au mot *travail*. Dans notre contexte, il peut être défini comme l'action de façonner une matière, de manier un instrument, ou bien encore, une activité créatrice exercée en vue d'un résultat.

Travailler sans aucune méthode aboutit inexorablement à cumuler nombre de bévues :

- Faute de n'avoir pas réfléchi à des arrangements solides, les pistes s'empilent les unes sur les autres, chaque nouvelle sonorité étant là pour tenter de donner plus de substance au morceau.
- Les parties instrumentales sont mixées en premier, sans tenir compte du chant dont l'enregistrement et l'intégration aux arrangements sont effectués en fin de session.
- Enfin, on recourt à des effets pyrotechniques, dits de *mastering,* pour que d'un coup de baguette magique, tous les défauts s'envolent, laissant aussitôt la place à un résultat « comme sur les disques du commerce ». Malheureusement, le miracle tant attendu ne se produit jamais...

L'approche confuse, chaotique, désordonnée, etc. semble être l'apanage des groupes de Rock célèbres, du moins telle que rapportée en interview. Mais la réalité est sensiblement différente. Dans l'ombre de l'artiste œuvrent, en réalité, ingénieurs du son et réalisateurs artistiques, qui eux, veillent au grain.

En pratique **Un artiste peut en cacher plusieurs autres**

Dans le processus de production musicale de masse tel que pratiqué au sein des industries culturelles, derrière le nom d'un artiste se cachent en réalité d'autres artistes. Leurs champs de compétences ne se limitent pas aux seules connaissances techniques. De ce point de vue, l'ingénieur du son constitue le meilleur exemple : il façonne le matériau sonore grâce à ses aptitudes dans le domaine acoustique, mais aussi grâce à ses connaissances approfondies du langage musical.

Le réalisateur artistique

Également nommé *producer* dans les pays anglo-saxons, son rôle est multiple : il peut être à la fois l'arrangeur, la personne qui aide à façonner l'identité sonore d'un groupe, ou bien celle qui finance ou qui a en charge le budget de réalisation d'un disque.

La plus grande des difficultés en home studio provient du fait que vous avez l'obligation de cumuler tous les rôles à la fois : celui du compositeur, de l'interprète, de l'ingénieur du son, ainsi que du réalisateur artistique et du producteur. Aussi, compartimenter votre approche de la production musicale est indispensable pour ne pas vous perdre.

Les étapes de réalisation

La production discographique demande avant tout de la méthode. Pour vous guider tout au long de votre projet, nous avons rassemblé dans le tableau 2-1 quelques conseils, étape par étape.

TABLEAU 2-1 **De l'idée première à la distribution**

Étapes de réalisation	Commentaires et conseils
Improvisation et recherche d'idées	Pour cette première étape : enregistrez-vous le plus souvent possible, soit avec un dictaphone, soit en employant directement GarageBand.
Un avant-goût des arrangements	Rédigez les paroles, imprimez-les, faites de même avec les grilles d'accords. Prévoyez un plan sommaire des arrangements.
Les premières prises	Si des instruments ont déjà été enregistrés dans GarageBand, procédez à un premier tri. Organisez la structure du morceau. Enregistrez les instruments principaux de l'arrangement (basse/batteries et soutiens harmoniques : guitare rythmique et claviers)
Le chant	La prise de son peut s'effectuer en deux temps. Vous pouvez vous contenter ici d'un enregistrement témoin vous permettant de juger en cours de route de la pertinence des arrangements.
La finalisation des arrangements	Enregistrez les derniers instruments manquants. À la fin de cette étape, procédez à la prise de son définitive du chant.
Le mixage	Établissez un plan du mixage, et éliminez implacablement les instruments et les prises de son inutiles.

Tableau 2-1 **De l'idée première à la distribution**

Étapes de réalisation	Commentaires et conseils
L'exportation	Elle est nécessaire, que ce soit pour un travail de mixage complémentaire, pour une écoute de votre travail sur un autre système audio, ou pour la création du mastering.
Le mastering	Cette étape n'a pas pour objectif de corriger les erreurs du mixage, mais de rendre l'œuvre musicale conforme aux impératifs des appareils de reproduction sonore (chaîne stéréo, baladeur, autoradio...).
La distribution	Gravure d'un disque compact, ou création d'un fichier numérique (MP3, AAC, OGG...) à destination d'Internet, par exemple.

En résumé

Travailler avec méthode est une bonne chose, mais cela ne suffit pas toujours, car il est facile de perdre l'idée initiale, l'inspiration première, en cours de route. Aussi, lorsque vous travaillez avec les nouvelles technologies, il est de votre devoir de faire correspondre au plus près l'idée originale de votre composition avec le résultat obtenu avec l'ordinateur. Ne laissez jamais la technologie et ses vaines promesses (les effets, notamment) gouverner vos créations. Dans votre studio, c'est vous le patron, et non votre Macintosh !

FUNK
My Instrument

Votre première composition avec Magic GarageBand

Vous n'avez pas encore fini d'équiper votre studio personnel, qu'une irrésistible envie d'enregistrer le prochain tube planétaire vous envahit. Toutefois, comme dit la chanson, « il y a comme un hic » : vous avez horreur du solfège ! C'est pourtant un élément indispensable pour une pratique sérieuse de la musique... Cependant, avec GarageBand, pas besoin d'être premier prix de conservatoire pour composer.

Vous êtes arrivé à ce chapitre, car vous n'avez jamais composé un seul morceau de toute votre vie. Vous brûlez d'en créer un rapidement pour épater votre petite amie ou votre petit copain. Seulement voilà, il faut, paraît-il, de très nombreuses années d'études pour y parvenir... Aussi, vous pouvez d'ores et déjà vous inscrire à un cours du soir pour combler vos lacunes, apprendre par cœur les chapitres 4 et 5, ou bien lire ce qui suit !

Personne n'aime le solfège

Non, personne n'aime vraiment le solfège... C'est la conclusion à laquelle sont parvenus les concepteurs de GarageBand. Plutôt que de s'adresser aux seuls utilisateurs ayant suivi des études musicales, l'application propose une autre approche. À partir des instructions données, le logiciel accomplit le travail de composition, d'orchestration, et d'interprétation... à votre place ! Ce petit miracle est rendu possible grâce à la fonction Magic GarageBand.

1 Lancez *Magic GarageBand* ❶, accessible depuis la fenêtre d'accueil.

FIGURE 3-1   *La fenêtre d'accueil de GarageBand*

2 Choisissez le style ❷, et le logiciel s'occupe du reste. La spécialité du programme est la musique populaire occidentale, nord-américaine en particulier.

3 Le survol des vignettes contenues dans la partie principale de l'écran fait apparaître la fonction d'*Aperçu sonore* ❸. En cliquant dessus, GarageBand vous fait entendre un court extrait musical, en rapport avec le style choisi. Une fois votre choix fait, appuyez sur le bouton *Sélectionner* en bas à droite de la fenêtre.

FIGURE 3-2 *Le bouton d'aperçu sonore*

4 Lorsque le rideau est levé, l'orchestre au grand complet fait son apparition. Il est constitué de six instruments dont cinq joués par l'ordinateur. La sixième place ❹ vous revient de droit. Vous avez le choix entre la pratique d'un instrument à clavier, d'une guitare, ou du chant. Vous pouvez donc jouer avec l'orchestre, en direct ! Pour ce faire, sélectionnez votre instrument de prédilection, dans le menu local *My Instrument.* Bien sûr, vous avez pris soin auparavant de brancher votre instrument ou votre micro à la carte audio de votre ordinateur.

5 Au sein de GarageBand, l'effectif instrumental demeure invariable d'un style à un autre. Il correspond à celui d'un groupe de rock'n'roll classique, c'est-à-dire : une batterie ❺, une guitare basse ❻, une guitare rythmique ❼, un ou plusieurs solistes (guitare électrique, acoustique, baryton, mandoline, section de cuivre...) ❽, un clavier (piano, orgue, synthétiseur) ❾.

FIGURE 3-3   *L'effectif instrumental par défaut*

6 Pour changer l'un des instruments, sélectionnez celui à modifier d'un simple clic. Puis, choisissez son remplaçant dans la liste proposée au bas de l'écran. Pour retirer un instrument de l'orchestre, la méthode reste identique. Sélectionnez celui que vous jugez superflu, puis cliquez sur *No Instrument* ⑩ en contrebas de la scène). L'écoute des modifications s'effectue à l'aide du bouton ⑪. Pour suspendre la lecture, cliquez une seconde fois sur le même bouton.

FIGURE 3-4   *Remplacer l'un des musiciens*

7 Après plusieurs essais, si vous n'êtes toujours pas satisfait de l'orchestration obtenue, vous pouvez demander à GarageBand de le faire à votre place. Pour cela, cliquez en périphérie de la scène de façon à ce qu'aucun instrument ne soit sélectionné. Le bouton *Instruments aléatoires* apparaît alors. Appuyez dessus autant de fois que désiré. Lorsque le résultat vous convient, cliquez sur le bouton *Ouvrir dans GarageBand.*

8 L'interface habituelle du logiciel fait alors son apparition : on la désigne sous le nom de *séquenceur*. Vous pouvez dès lors sauvegarder le projet en allant dans le menu *Fichier* et en cliquant sur *Enregistrer*...

FIGURE 3-5 *Le retour au séquenceur, l'interface traditionnelle de GarageBand*

9 ... ou l'exporter sous la forme d'un fichier musical en sélectionnant *Exporter le morceau vers le disque* dans le menu *Partage*.

Un titre en quelques clics

À présent voyons comment composer un morceau instrumental Folk-Rock, digne d'une série télévisée américaine.

> EN PRATIQUE **Sauvegarder un projet en cours**
>
> Si un projet était déjà en cours, commencez par sauvegarder les éventuelles modifications (menu *Fichier > Enregistrer*), puis rendez-vous de nouveau dans le menu *Fichier*, et cliquez cette fois sur *Fermer*.

1 Dans la fenêtre d'accueil, au sein de la section *Magic GarageBand*, optez pour le style *Roots Rock*. Appuyez ensuite sur le bouton *Sélectionner*.

2 Pour parvenir à faire *sonner* le morceau dans le style Folk-Rock, il faut obligatoirement procéder à un changement d'instruments. La musique populaire impose une guitare rythmique acoustique ou électro-acoustique comme élément de base de ce genre de titre. Aussi, remplacez la première guitare située à gauche de la scène par l'instrument nommé *Guitar Strumming*.

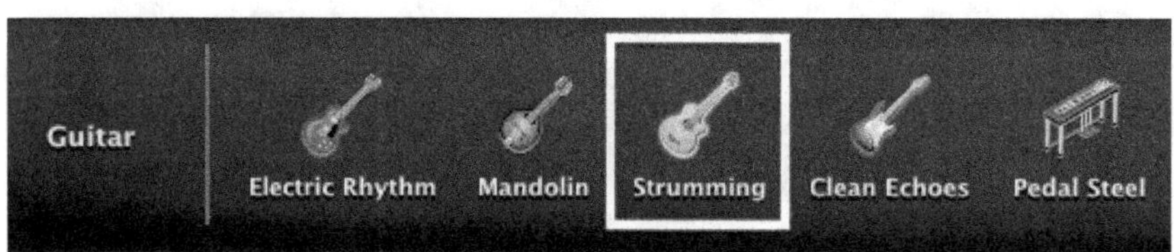

FIGURE 3-6　*Une guitare électro-acoustique apparaît à gauche de la scène*

3 Le choix de la basse se fait surtout en fonction de la batterie. Si cette dernière est constituée d'un jeu de percussions réduit (comme *Drums Simple* ou *Brushes*), vous pouvez choisir *Melodic Bass*, qui propose un motif sonore plus fourni. Pour une batterie plus nerveuse (*Active Drums*), optez pour un jeu de basse moins riche (*Picked Bass*) ou plus répétitif (*Pulsing Bass*). Dans notre exemple, nous avons donc retenu la combinaison *Melodic Bass* et *Drums Simple*.

4 Quant au clavier, choisissez un piano électrique de type Fender Rhodes (*SuitCase Electric*) pour sa discrétion.

> En pratique **Choisir le bon clavier**
>
> La basse mélodique occupant une frange non négligeable de l'espace sonore, il faut que tous les instruments puissent être entendus. Pour sa part, le piano acoustique aurait donné une couleur Elton John ou Mika, peu utile dans ce contexte musical. Seul l'orgue Hammond (*Organ*) se substituerait sans mal au Fender Rhodes sans trop dénaturer le style du morceau.

5 Enfin, la partie mélodique sera confiée à une mandoline (*Mandolin Melody*) — un arrangement en forme de clin d'œil au groupe REM (et sa chanson *Losing my religion*).

6 Si vous n'êtes pas instrumentiste, vous pouvez supprimer la place de *leader* du groupe qui vous est réservée (au premier plan de la scène). Pour cela, cliquez sur le bouton *No Instrument*.

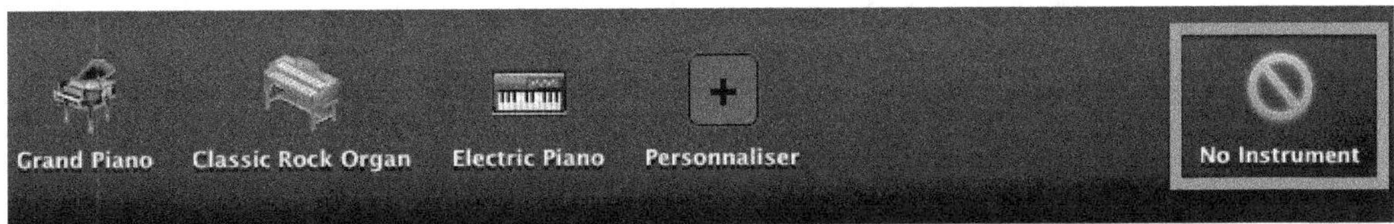

Figure 3-7   *Suppression d'un instrument*

7 Appuyez sur le bouton de lecture pour entendre l'arrangement dans sa forme finale.

Mixage express

Dans le cas de la musique amplifiée ou enregistrée, le volume sonore de chaque instrument, et donc l'équilibre de la masse orchestrale, s'effectue par l'intermédiaire d'une table de mixage. La fenêtre de Magic GarageBand en est équipée, même si cela ne se voit pas au premier abord.

1 En survolant à l'aide de la souris l'un des six emplacements de la scène, un phylactère noir apparaît contenant le nom de l'instrument utilisé.

2 Sélectionnez un instrument sur la scène. Puis, à l'intérieur du phylactère, cliquez sur le petit triangle. Vous révélez ainsi les paramètres de mixage

express, ainsi qu'un panneau de commandes servant à ajuster le volume sonore de l'instrument, à le rendre muet, ou à activer le mode solo.

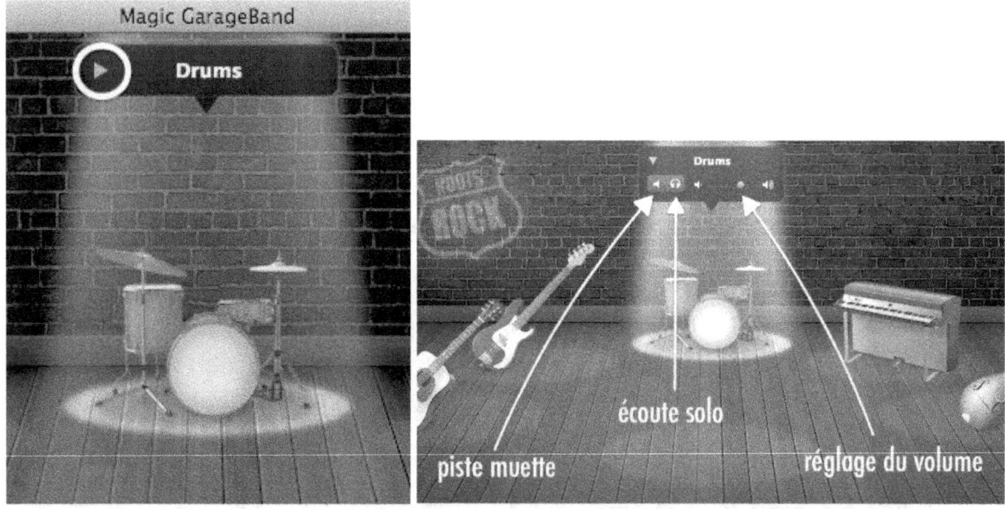

FIGURE 3-8   *Appuyez sur le triangle pour dévoiler le panneau de mixage express*

> EN PRATIQUE   **Mode solo**
>
> La fonction solo désactive le son de tous les autres instruments de l'orchestre, à l'exception de celui sur lequel vous êtes en train de travailler. À l'inverse, la fonction piste muette désactive uniquement l'instrument sélectionné.

3   Pour ce tout premier mixage, le volume de la batterie va servir de référence pour l'ensemble de l'édifice musical : inutile de procéder à une quelconque modification. Le curseur de niveau sonore de la basse, lui, doit être contenu dans le premier tiers de la réglette.

FIGURE 3-9   *Les trois commandes de base : piste muette, écoute solo et réglage du volume*

4 Aucun changement n'est à opérer, que ce soit sur la guitare rythmique (*Strumming*), ou sur la mandoline : leur volume sonore est suffisant. Par contre, vous pouvez augmenter de façon drastique le volume du piano électrique afin que ce dernier soit un peu plus audible.

5 Pendant la phase d'orchestration, ou de mixage express, un bouton interface vous permet de travailler sur le morceau entier, ou seulement sur une partie du morceau (*Fragment*).

Figure 3-10 *Deux modes d'écoute*

6 Le mode *Fragment* est très utile pour tester un changement d'instrumentation sans devoir écouter systématiquement toute la chanson. Sélectionnez la partie sur laquelle vous souhaitez vous concentrer en cliquant directement sur son intitulé (intro, verse, chorus...). Pour choisir plusieurs parties d'affilée, maintenez la touche *Majuscule* enfoncée avant de cliquer.

> Termino **Intro, verse, chorus, bridge, outro**
>
> Les termes intro, verse, chorus, bridge, outro correspondent respectivement aux mots français introduction, couplet, refrain, pont et partie finale. Elles constituent les différentes parties d'une chanson.

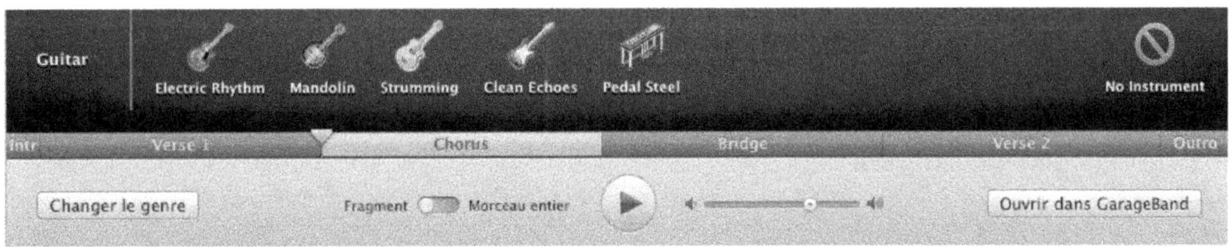

Figure 3-11 *Mode fragment : lecture en boucle de la partie sélectionnée*

Quelle que soit votre façon de mixer les sources sonores, vous allez vous rendre compte qu'avec une commande de volume seule, vous ne pouvez obtenir le résultat entendu sur tous les disques du commerce. Il est par exemple impossible de rendre la guitare basse plus présente, sans avoir du même coup, un ronflement désagréable dû à la sollicitation excessive des haut-parleurs. De même, le piano électrique n'est audible que si l'on force son volume d'amplification, les instruments rythmiques ayant tendance à lui voler la vedette. Bien entendu, à tous ces tracas, il existe des solutions, comme le recours aux égaliseurs et autres compresseurs, dont nous détaillerons l'emploi à partir du chapitre 8.

L'écoute séparée

La meilleure façon de se familiariser avec les arrangements et les contraintes liées à chaque instrument est de les écouter séparément. Pour ce faire, utilisez le mode solo.

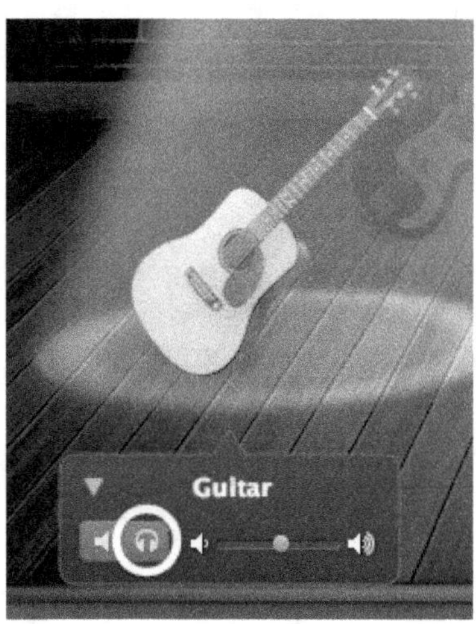

FIGURE 3-12 *Mettre à profit le mode solo pour écouter le contenu des arrangements instrument par instrument*

En contrebas de la scène, parmi la liste d'instruments proposée, choisissez son remplaçant au hasard. Écoutez attentivement les différences mélodiques, en ayant toujours en mémoire que le déroulement du morceau n'a pas été modifié ! Un changement de notes n'est pas synonyme de bouleversement, comme nous l'expliquons au cours des deux chapitres suivants.

Disons simplement qu'à l'intérieur du vaste puzzle que représente une composition musicale, plusieurs pièces peuvent occuper le même espace.

Un changement d'orchestration

Comme vous l'avez certainement déjà observé, le changement d'effectif orchestral entraîne une modification esthétique de la musique. Pour faire un parallèle avec le cinéma ou le théâtre, vous venez tout au plus de remplacer un acteur par un autre. En revanche le synopsis, ou le déroulement de la pièce, lui, n'a pas été modifié ! C'est un peu comme comparer un film original et son *remake*.

Aussi, voici quelques premières notions à retenir :

- Toute œuvre musicale possède une colonne vertébrale que l'on nomme *forme* ou *structure*. Une chanson est bâtie généralement sur une forme à refrain dont chacune des parties possède une durée prédéfinie.
- Chaque instrument possède ses propres caractéristiques physiques et expressives. Un accord joué au piano (où chaque son est diffusé quasi simultanément, sur un large spectre sonore) n'a aucune chance d'être reproduit à l'identique sur une guitare. L'inverse est tout aussi vrai : ce qui paraît être des sonorités proches pour un guitariste (le passage d'une corde à une autre par exemple) est moins aisé à obtenir sur un clavier, où il faut étendre la main et sauter plusieurs touches blanches. Aussi, changer d'instrument dans l'arrangement implique la réécriture de toutes les notes jouées... ce n'est donc pas anodin !
- Un bon arrangement est celui qui combine les sonorités de tous les instruments sans qu'aucun n'ait à souffrir de la domination de l'autre. En clair : chaque son doit être complémentaire.

It's a kind of magic : composer
« à la manière de... »

Dans le cadre de la musique populaire, ce n'est pas tant la façon d'utiliser les notes qui est importante, que les timbres employés. C'est ce qui distingue fondamentalement la chanson d'expression anglo-saxonne (le Rock et ses dérivés) du langage musical classique dont elle est issue. Aussi, pour passer d'un style à l'autre, il suffit principalement de changer l'effectif instrumental. Par exemple, ajoutez des guitares saturées au morceau que vous venez d'élaborer, puis congédiez sans autre forme de procès l'organiste pour le remplacer par un chanteur à la voix rocailleuse ! Le résultat est saisissant : sans changer les accords, vous obtenez du Rock lourd façon Saving Abel. C'est sur cette idée que reposent les recettes qui vont suivre.

De Tracy Chapman...

Pour entrer dans l'univers de Tracy Chapman, en style *Roots Rock*, utilisez une batterie jouée aux balais (*Drums Brushes*), une contrebasse (*Upright*), un orgue Hammond (*Organ*), gardez la guitare rythmique (*Strumming*) et congédiez le joueur de mandoline. Pour du Jason Mraz, substituez la batterie par des percussions afro-cubaines (*World Percussions*). Une teinte West Coast (tendance Rock FM des années 1980) s'obtient facilement en ajoutant une guitare soliste (*Electric Lead*). Et pour inviter Mark Knopfler de Dire Straits dans votre salon, vous n'aurez pas d'autre choix que d'employer la guitare *Glassy*.

...à B. B. King

Pour toutes les autres recettes destinées à Magic GarageBand, nous vous indiquons systématiquement le style ainsi que les ingrédients à utiliser. Le changement d'instrument s'effectue de la gauche à la droite de la scène ; lorsqu'un musicien manque à l'appel, nous le précisons à l'aide de la mention *no instrument*. Pour passer d'un style à un autre, appuyez sur le bouton *Changer le genre* situé dans le coin inférieur droit de l'interface.

Tableau 3–1 **Composer dans le style d'autres artistes**

À la manière de	Style Magic GarageBand	Effectif instrumental
Cheap Trick	*Rock*	Guitare *Big stack*, Basse *Bouncing*, Batterie *Energic Arena* ou *Head Bobbing*, Clavier *Gritty Organ*, Guitare *Ripping* ou *Wah-wah*
The Rembrandts	*Rock*	Guitare *Jangles*, Basse *Skiffle*, Batterie *TambourineGroove*, Clavier *Gritty Organ*, Guitare *Backwards Guitar*
Chris Isaak	*Blues*	Guitare *Strumming* ou *Rockabilly Riff*, Basse *Woody*, Batterie *Brushes*, Clavier *Southside Organ*, Guitare *Biting Slide*
Django Reinhardt	*Jazz*	Guitare *Nylon*, Basse *Walking* ou *Grooving*, Batterie *Brushes*, *No instrument*, Guitare *Nylon solo*
Miles Davis	*Jazz*	Guitare *Straight Ahead*, Basse *Fretless*, Batterie *BeBop Sizzle*, *No instrument*, Cuivre *Muted Trumpet*
De Lee Ritenour à Chuck Loeb	*Jazz*	Guitare *Jumping*, Basse *Funky*, Batterie *Funky Groove*, *No instrument*, Guitare *HollowBody Solo*
Shakira	*Latin*	Guitare *Nylon*, Basse *Melodic*, Batterie *Electronic*, Clavier *Club Upright*, *No instrument*
Santana	*Latin*	Guitare *Muted Cuatro*, Basse *Fifths*, Batterie *Simple*, Clavier *Jazzy*, Guitare *Electric*
B.B. King	*Slow Blues*	*No instrument*, Basse *Round Bass*, Batterie *Speakeasy*, Clavier *Organ*, Guitare *Chicago*
Gary Moore	*Slow Blues*	Guitare *Dirty Rhythm*, Basse *Picked Electric*, Batterie *Studio*, *No instrument*, Guitare *Gritty*

En résumé

Dans la musique pop, l'organisation des notes de musique au sein de la partition n'a qu'un rôle secondaire. Du strict point de vue du langage musical, il n'y a donc aucune différence entre Bob Marley et Coldplay, pas plus qu'il n'en existe entre Bruce Springsteen et les Black Eyed Peas. En revanche, la sonorité des instruments (le timbre) a une toute autre importance, puisqu'elle forge le style !

Magic GarageBand ne vous rendra pas plus créatif. Il ne faut pas perdre de vue que c'est un outil de composition automatisé destiné avant tout à des personnes n'ayant aucune pratique de la musique. Cependant, l'écoute répétée des arrangements (instrument par instrument) vous aidera à comprendre ce qui fait la spécificité de chaque style de musique populaire.

FUNK
My Instrument

chapitre

4

Apprendre la musique : l'essentiel du solfège

« Les ordinateurs sont comme les dieux de l'Ancien Testament, beaucoup de règles et aucune pitié. »
Cette citation de Joseph Campbell pourrait bien s'appliquer aussi à la composition musicale. Sans doute, l'avez-vous déjà compris : ce chapitre regroupe tout ce que vous devez savoir sur la chanson *Pop* et le langage qui la gouverne.

Précédemment, vous avez créé de toutes pièces un morceau de musique, sans avoir eu à vous préoccuper des règles de composition. Jusqu'alors, vous pratiquiez le langage tonal sans le savoir - un peu à la manière de Monsieur Jourdan, dans le *Bourgeois Gentilhomme*, qui lui, ignorait pratiquer la prose... Beaucoup pourraient s'en satisfaire. Mais si vous souhaitez maîtriser votre art, il vous est indispensable de connaître le fonctionnement du langage musical.

La musique : comment ça marche ?

Si vous avez toujours eu le solfège en horreur, après lecture de ce nouveau chapitre, nous espérons que vous changerez d'avis. En fait, une chanson se résume à peu de choses : des sons, du rythme, et parfois même... du silence ! Vous voyez, c'est très simple. Allons un peu plus loin, à présent.

La gamme

Dans le système musical utilisé pour écrire des chansons, le compositeur dispose de 12 notes différentes : do, do # (prononcez « dièse »), ré, ré #, mi, fa, fa #, sol, sol #, la, la # et si. Parmi celles-ci, le compositeur ne doit en retenir que 7 en tout et pour tout, chacune devant absolument posséder un nom différent. Le résultat obtenu se nomme alors *une gamme*. Voici un exemple parmi tant d'autres : do, ré, mi, fa, sol, la, si.

Une composition en deux dimensions

Un morceau de musique possède deux axes de lecture simultanés. À l'horizontale, ce sont les lignes mélodiques, c'est-à-dire des notes jouées tout simplement les unes à la suite des autres. Notez bien que n'importe quel musicien au sein d'un groupe peut être amené à jouer des mélodies, et pas seulement le soliste ou le chanteur !

FIGURE 4-1 *La ligne mélodique est appelée dimension horizontale, ou contrapuntique.*

Lorsque des notes ou des lignes mélodiques sont exécutées en même temps par un seul ou plusieurs musiciens, on entre alors dans la dimension verticale, qui est celle de l'harmonie. C'est dans cet axe de lecture que l'on rencontre les accords, par exemple.

FIGURE 4-2   *La dimension verticale, ou harmonique*

La mesure

Chaque chanson possède une pulsation régulière (lente, modérée ou rapide) où vont venir se placer les notes et autres accords. Pour des raisons de commodité de lecture, on regroupe les pulsations par groupe de 2, 3 ou 4 (plus rarement 5, voire 7). Ce que l'on obtient se nomme *une mesure*. Elle sera à deux temps pour un groupe de 2 pulsations, à trois temps pour un groupe de 3 pulsations, et bien sûr à quatre temps pour un groupe de 4 pulsations...

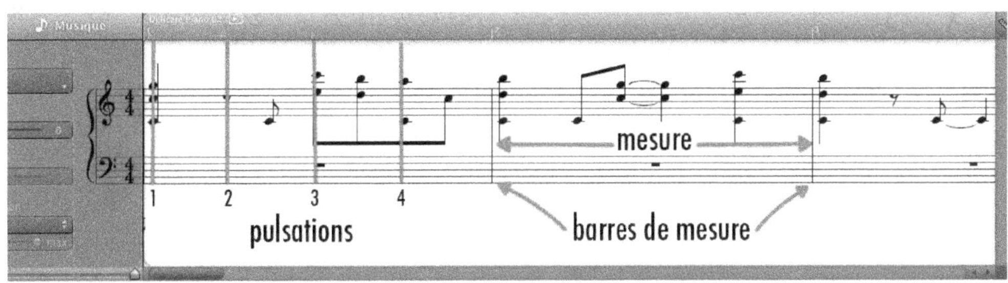

FIGURE 4-3   *La grille rythmique*

Le rythme

Comme vous le remarquez en battant du pied sur vos morceaux favoris, les notes jouées tombent à la fois sur la pulsation elle-même, et parfois à côté. Mais même dans ce cas, les sons ne se placent pas au hasard. Ils restent toujours en rythme, mais sont disposés sur une grille plus fine, dont le découpage s'effectue à parts égales.

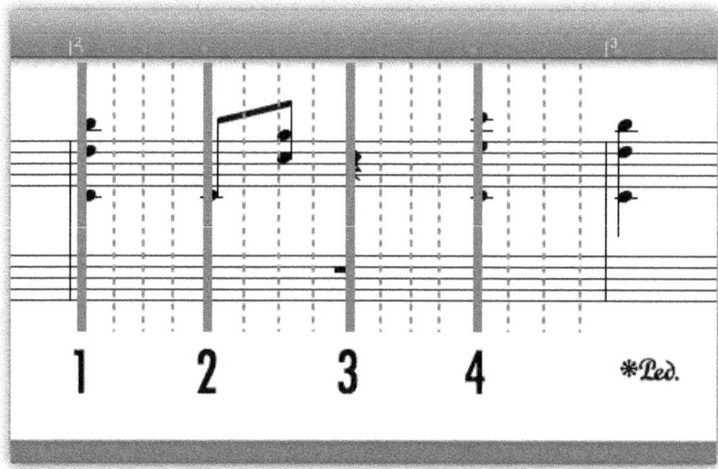

FIGURE 4–4   *Sous-découpage de la pulsation principale*

En effet, chaque pulsation, que l'on appelle un *temps,* se subdivise à l'infini par un multiple de deux, ou de trois. Dans le premier cas, le rythme (ou la mesure) sera dit *binaire,* et dans le second cas, *ternaire.* Pour une majorité de chansons, on recourt à la pulsation binaire. Toutefois, les balades Rock ou Folk rock, ou bien encore les morceaux d'influence Gospel, Jazz ou Blues, recourent à une découpe rythmique ternaire.

Précisons que la pulsation est toujours présente, même si le morceau n'inclut aucune percussion. Les seules exceptions en la matière sont très récentes : elles ne concernent qu'une frange limitée de la musique dite contemporaine.

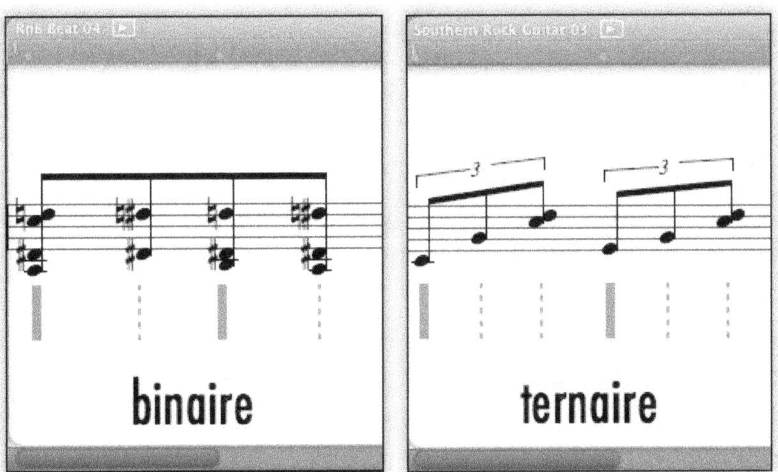

FIGURE 4-5   *Binaire ou ternaire ?*

La structure

À l'instar du cinéma, l'œuvre musicale possède elle aussi son scenario. Selon les genres, la musique se déroule selon un schéma préétabli appelé *structure* ou *forme*. Dans l'ensemble, la musique pop emploie une forme dite *à refrain* composée d'une à deux mélodies différentes pour la première partie que l'on nomme couplet, et d'une seule mélodie pour la seconde qu'est le refrain. À cela, peuvent s'ajouter, de façon très libre, des parties intermédiaires (*break* et pont) destinées à mettre en avant les capacités techniques et d'improvisation d'un musicien (les solos de guitares, piano, cuivres...), ou à faire varier la charge émotionnelle d'une chanson.

> POUR ALLER PLUS LOIN   **Le rondeau**
>
> Au sein de la musique classique, on trouve une variété de formes : de la forme binaire (morceau composé de deux parties distinctes) à la fugue ou la sonate pour les plus élaborées. Quant à la forme dite *rondeau* (ou *rondo*), elle est issue d'une forme poétique médiévale. C'est également une forme *à refrain*, mais chaque couplet possède une mélodie et un traitement différent. Au contraire de la musique pop qui, elle, est construite sur des parties se reproduisant à l'identique.

Dessine-moi une chanson

Une chanson est à l'image d'une maison. Si vous goûtez les comparaisons culinaires, disons qu'elle ressemble plus à un plat de lasagnes ou un tira-misu qu'à un steak accompagné de frites. Vous l'aurez compris, la composition procède par couches ou étages successifs. Au plus bas, nous avons les fondations qui sont constituées par la grosse caisse de la batterie ainsi que la guitare basse (ou contrebasse). Viennent ensuite le clavier et les guitares. Dans cette zone de sons médiums, viendront également se poser les arrangements additionnels (cordes, cuivres). Enfin, au niveau des combles et du toit, on trouve toutes les parties vocales. Le chant principal étant la partie la plus haute de l'édifice, en théorie du moins. Cela n'est pas toujours vrai pour la *pop music*. Les cloisons et autres piliers de soutènement sont représentés par les grappes de notes que sont les accords. Enfin, l'architecture générale du bâtiment correspond à la forme du morceau, ainsi qu'à son orchestration.

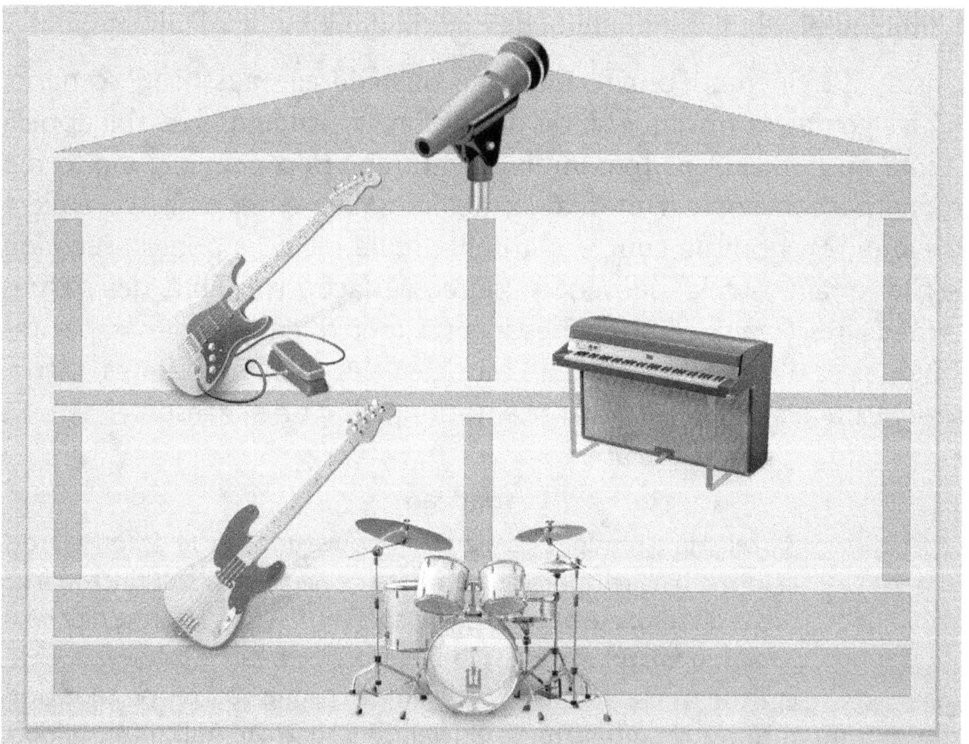

FIGURE 4-6 *Une composition en couches successives : l'édifice sonore ayant pour base la basse et la batterie, et comme sommet, le chant.*

Notions approfondies de solfège

À présent que vous avez une vue d'ensemble de ce qu'est une composition musicale, voyons les différentes notions essentielles à connaître sur le bout des doigts.

Les tonalités

Le langage musical utilisé dans la musique pop utilise des gammes, comme nous l'avons vu précédemment. Ces gammes, appelées également *tonalités*, sont construites sur deux modèles principaux que l'on nomme majeures et mineures. Mais n'allez pas croire que c'est compliqué : il s'agit ni plus ni moins de la même réalité exprimée de deux façons différentes. En effet, une fois les sept notes choisies pour constituer une gamme, ce sont les mêmes que l'on utilise à la fois pour s'exprimer en mode majeur et mineur. Au final, le compositeur opte pour l'un ou l'autre, en fonction de l'atmosphère générale du morceau. De façon très caricaturale, les chansons en mode majeur auront un caractère plus franc, frais, optimiste, pétillant, etc. Le mode mineur donnera une touche mélancolique, sombre, voire même orientale, hispanique ou raffinée.

> COMPRENDRE **Gammes majeures et mineures**
>
> À chaque gamme majeure correspond une gamme mineure. Celle-ci porte le nom de relative mineure et se construit sur la sixième note de la gamme majeure. Elle en conserve toutes les notes. Une gamme de do majeur (do-ré-mi-fa-sol-la-si) aura pour relative mineure la gamme de la (la-si-do-ré-mi-fa-sol). L'annexe détaille la construction des gammes.

Il n'est d'ailleurs pas interdit d'utiliser dans le même morceau, à des moments différents bien sûr, une gamme majeure et son alter ego mineur, voire même plusieurs gammes majeures et mineures en alternance. Comme vous disposez virtuellement de 12 sons différents, vous pouvez donc construire des gammes en partant de chacune d'elles. Ainsi, théoriquement, vous disposez de 12 gammes en mode majeur et tout autant en mode mineur. En réalité, beaucoup sont redondantes, ce qui porte leur nombre à 15 en majeur, et encore 15 en mineur. Si on ajoute à cela que toutes les gammes majeures *sonnent* de façon identique, et que bien évidemment, il en va de même pour les gammes mineures, vous vous demandez légitimement à quoi tout cela peut bien servir ?

- Certes, elles sonnent de façon similaire, mais à des hauteurs différentes. Dès lors, le choix de l'une ou de l'autre est, dans l'absolu, une question d'esthétique, de goût personnel. À titre d'exemple, certains morceaux sont ressentis comme étant plus légitimes dans une gamme de fa, que dans une autre commençant par do, sol ou ré...

- Des considérations d'ordre pratique peuvent être à l'origine de ce choix. Cela autorise, par exemple, un chanteur à exercer l'étendue de son talent, sans avoir à souffrir de problèmes de *hauteur*. Si une mélodie en do majeur convient, son interprétation dans une gamme de sol majeur, ou de mi bémol majeur pourrait, en revanche, être rendue plus difficile !

> **La transposition**
>
> Transposer consiste à changer la hauteur d'une œuvre musicale. Pour ce faire, on remplace les notes de la gamme originelle par celles présentes dans la nouvelle gamme. Ce processus n'altère en rien la perception générale de l'auditeur. Les mélodies demeurent identiques, à ceci près qu'elles *sonnent* plus aiguës ou plus graves.

La notation musicale

Pour décrire la hauteur des notes, le musicien dispose d'un groupe de 5 lignes, nommé *portée*. Pour indiquer si le son appartient au domaine des graves, médium ou des aigus, il utilise des clefs de sol, fa et ut (seules les deux premières seront régulièrement mises à contribution).

Le nom des notes peut aussi être substitué par des lettres — une habitude de notation provenant des pays anglo-saxons. Cette notation est très usitée dans le Jazz et parfaitement en phase avec la musique pop.

TABLEAU 4–1 **La correspondance des notes dans le système anglo-saxon (ou international)**

	Do (ou ut)	Ré	Mi	Fa	Sol	La	Si
Notation internationale	C	D	E	F	G	A	B

> B.A.-BA **Clefs de sol et de fa**
>
> La clef de sol se place sur la seconde ligne de la portée (en partant du bas). En conséquence, toutes les notes placées sur cette ligne se nommeront sol. À partir de cette note repère, on déduit le nom des autres notes sur la portée.
>
> La clef de fa, quant à elle, se pose sur la quatrième ligne de la portée. Son apparente similitude avec la lettre F, dont on aurait quelque peu effacé les deux branches jusqu'à ne laisser apparaître que deux points, n'est sans doute pas fortuite !
>
> 
>
>
> FIGURE 4–7 *Clés de sol et fa*

Concernant la transcription des durées, il existe une kyrielle de signes, partagée en deux groupes distincts. Le premier est dévolu aux notes, et le second aux silences. Dans les deux cas, le principe reste le même : la valeur suprême est la ronde (pour les notes) ou la pause (pour les silences). L'une et l'autre se scindent ensuite en une cascade de valeurs plus petites : blanches, noires, croches, doubles-croches, etc. ou bien demi-pauses, soupirs, demi-soupirs, quarts de soupir et ainsi de suite.

L'unité de temps

Pour retranscrire avec précision sur une partition la durée exacte des notes (blanches, noires ou autres soupirs), le musicien a besoin d'un référentiel. Il s'agit de l'unité de temps. Ce rôle est communément attribué à la noire. Dès lors, chaque fois que vous battez la pulsation avec votre pied en écoutant de la musique, vous jouez des noires en rythme. On dit alors que la noire vaut un temps. Pour que le musicien ne se trompe pas dans la durée des notes qu'il doit jouer, on lui indique en début de portée l'unité de temps sous cette forme : 4/4. Précisons que l'unité de temps est appelée *signature* en anglais. C'est donc sous cette dénomination que vous le retrouverez dans GarageBand.

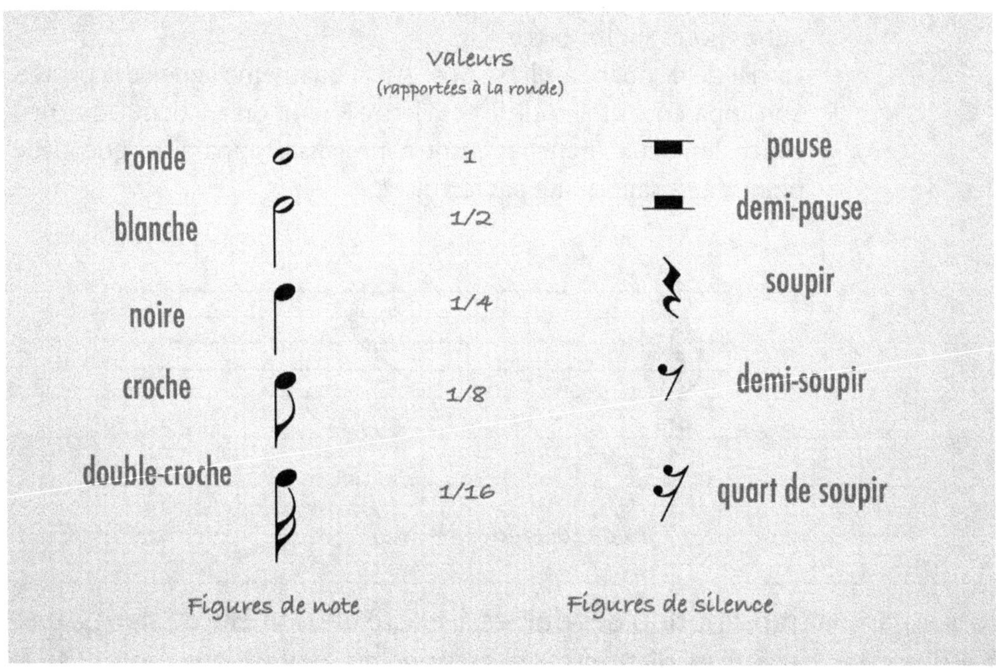

FIGURE 4-8   *La transcription du rythme : les figures de notes et silences*

> EN PRATIQUE   **Dièse et bémol**
>
> Chaque note de la gamme naturelle de do peut être élevée ou baissée d'un demi-ton. Pour ce faire, on recourt respectivement aux signes de notation suivants : le dièse (#) et le bémol (b).

FIGURE 4-9   *L'indicateur de mesure*

4/4 signifie 4 temps par mesure, chaque temps étant représenté par une noire. Le chiffre du haut indique le nombre de pulsations dans la mesure (soit 4 temps) ; celui du bas précise l'unité de temps sous une forme *codée*. Le 4 est à comprendre comme suit : ¼ de ronde. En effet, on se réfère toujours à la valeur suprême qu'est la ronde. Le quart de la ronde est donc la noire. 4/4 signifie donc 4 noires par mesure — chacune des noires valant un temps. Mais attention tout de même, potentiellement, n'importe quelle figure de note peut devenir à son tour l'unité de temps. En effet, sur ce principe, on pourrait décréter que la ronde vaut désormais une pulsation. Dans ce cas, une mesure à quatre temps avec comme unité de temps la ronde serait notée 4/1. Ceci étant très rare, deux autres cas de figure, par contre, sont plus couramment rencontrés : 2/2 pour une mesure à deux temps dont l'unité de temps est la blanche et 3/8 pour une mesure à trois temps dont l'unité de temps correspond à la croche.

> PRÉCISION **Mesure simple et mesure composée**
>
> Les mesures simples sont aussi nommées *binaires*, chaque division rythmique se faisant par deux. On trouve donc dans cette catégorie les mesures à 2/4, 3/4, 4/4, 2/2... Les mesures *ternaires*, quant à elles, sont aussi dénommées mesures *composées*. Elles concernent essentiellement celles à 6/8, 9/8 ou 12/8, que l'on retrouve dans le Jazz, le Blues ou la Soul/Rythm'n'Blues. Dans ce cas précis, on ne compte pas un temps par croche. On regroupe 3 croches à la fois pour obtenir la fameuse pulsation ternaire (1-2-3/1-2-3...). Une mesure à 6/8 est donc bien constituée de 6 croches par mesure, mais que l'on assemble en deux séries de 3 croches. Il en résulte au final une mesure à 2 temps dont l'unité de temps vaut 3 croches (soit précisément une noire pointée). Sur ce principe, les mesures à 9/8 et 12/8 sont respectivement à 3 et 4 temps.

Le tempo

Dernière information utile concernant l'exécution du rythme : il s'agit du tempo. Comme vous le savez déjà, la vitesse de jeu est constante tout au long d'une chanson. Pour indiquer son caractère (lent, modéré ou rapide), la plupart des séquenceurs font appel à la notation anglo-saxonne exprimée en BPM, sigle de battements par minute (*Beats Per Minute*).

60 BPM équivalent à une pulsation par seconde, pour vous donner un ordre de grandeur. C'est un tempo idéal pour les balades ou les slows. Les valeurs 100 BPM à 120 BPM seraient plutôt mises à contribution pour un morceau Rock, ou Pop. Au-delà, vous entrez dans le domaine d'artistes comme The Who, Iggy Pop and the Stooges, Sex Pistols...

FIGURE 4-10 *Indicateur de tempo de GarageBand accessible par le menu Contrôle> Afficher le tempo sur l'écran LCD*

Cependant, le BPM est moins précis au premier coup d'œil que la notation classique. Elle exige que l'unité de temps soit mentionnée après l'indicateur de tempo. En effet, 60 BPM peuvent correspondre à 60 blanches par minute, ou bien à 60 noires par minute — ce qui au final ne donne pas le même résultat, le premier exemple étant deux fois plus rapide que le second. Gardez donc toujours un œil attentif sur l'indicateur de mesure exprimant, lui, l'unité de temps.

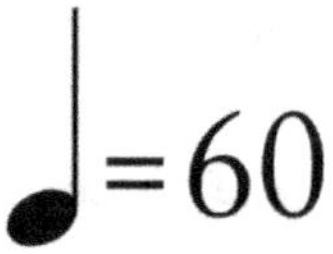

$$\text{♩} = 60$$

FIGURE 4-11 *Indicateur de tempo en notation classique. On dit « 60 à la noire », soit 60 battements par minute, chaque battement étant représenté par une noire*

L'accord dans tous ses états

Toutes ces mises au point essentielles étant formulées, examinons la dimension verticale, ou harmonique. C'est ici que l'on retrouve les accords. C'est de leur organisation que dépendent la complexité d'une œuvre musicale, ainsi que les problématiques liées au mixage, que nous verrons aux chapitres 8 et 9. Mais commençons par des notions simples.

Un accord parfait !

Chacune des sept notes de la gamme peut être utilisée pour produire des accords. La condition est que chaque son doit être espacé d'une seule note (l'écart est nommé *intervalle de tierce*). Par exemple : do-mi-sol.

Par contre, rien n'empêche d'utiliser ces mêmes notes dans un ordre différent : mi-sol-do ou sol-do-mi correspondent toujours au même accord. Le modèle original aura pour nom *accord à l'état fondamental*, et les deux autres variantes seront dénommées *renversements*.

Il existe plusieurs familles d'accords en fonction du nombre de notes qu'elles contiennent. L'accord à trois sons est celui utilisé dans le Rock façon Rolling Stones ou AC/DC. Dans cet ouvrage, nous parlerons d'*accord parfait* — et non de *triades* (un terme souvent utilisé dans la musique Jazz), même si *stricto sensu*, il s'agit bien d'un groupe de trois éléments.

À SAVOIR **Le cluster**

Lorsque toutes les notes d'un accord sont conjointes (do-ré-mi), il ne s'agit plus d'un accord parfait ! On le nomme *grappe de notes* (ou *cluster* en anglais).

Conjointes ou disjointes ?

On appelle notes conjointes les notes qui se suivent dans l'ordre de la gamme. Au contraire, s'il y a rupture, ou saut direct d'un son à un autre, on appelle alors disjoint l'intervalle qui en résulte.

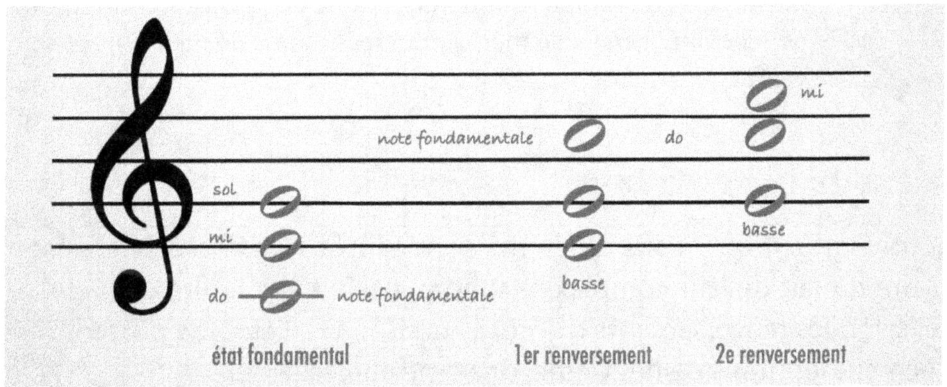

FIGURE 4–12 *L'accord parfait de do majeur à l'état fondamental ainsi que ses renverse-ments. La note fondamentale est celle qui donne son nom à l'accord.*

La septième

Un accord à 4 sons différents, do-mi-sol-si par exemple, est appelé accord de septième. Plus riche, plus complexe, il transforme une bluette Rock en un morceau de Jazz ou de Soul des plus raffinés. Comme nous l'avons vu précédemment, l'accord à l'état fondamental peut aussi laisser place à plusieurs renversements.

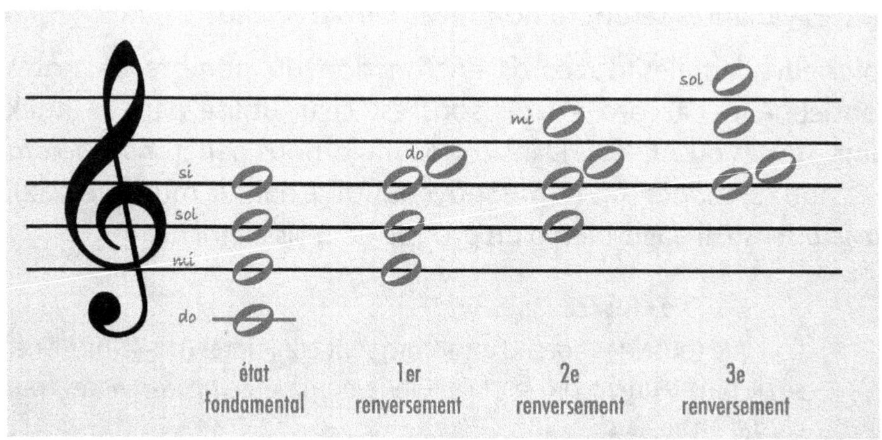

FIGURE 4-13 *La septième dans tous ses états*

EN PRATIQUE **Une appellation contrôlée**

Mis à part l'accord parfait (à trois sons), les autres accords portent le nom de l'intervalle séparant la première note de la dernière. Pour do-mi-sol-si, on dénombre 7 notes en tout de do jusqu'à si d'où le nom de *septième*. Il en va de même pour les accords de neuvième et suivantes.

Au-delà de la neuvième

Les accords à 5, 6 ou 7 sons différents sont plutôt rares dans la chanson populaire du fait de leur complexité sonore, parfois à la limite de la dissonance, selon les renversements d'accords utilisés. D'ailleurs, ils portent respectivement les noms de neuvième, onzième et treizième.

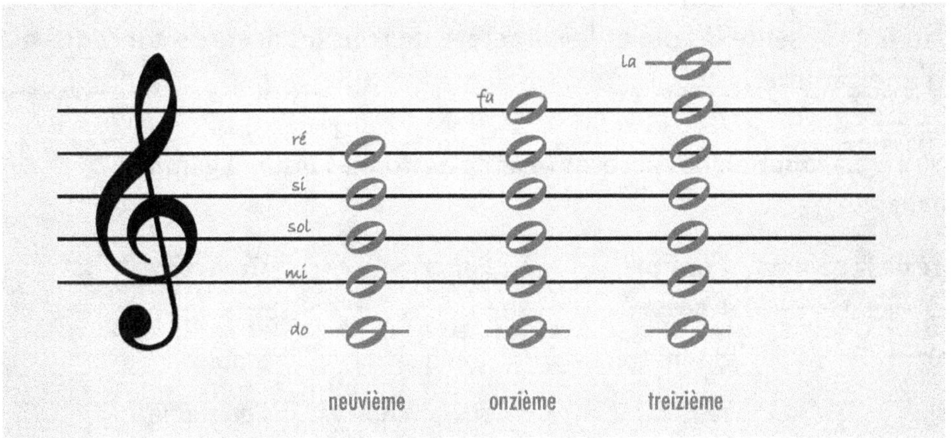

FIGURE 4-14 *De la neuvième à la treizième*

COMPRENDRE **Pourquoi s'embarrasser avec le solfège ?**

Une bonne compréhension de l'organisation des notes, des rythmes et des timbres est l'assurance d'une composition équilibrée, et donc, d'un mixage réussi, sans devoir recourir à des procédés *pyrotechniques* (générateur d'harmoniques, compresseurs multibandes, égaliseurs dynamiques...) !

Le principe de la musique tonale

Avant de passer à des considérations d'ordre artistique, intéressons-nous à un point fondamental de la musique tonale. Dans ce langage, l'organisation des sons s'effectue à l'intérieur d'un système hiérarchisé où seuls quelques accords sont d'une utilité indiscutable.

Le rôle de la tonique

L'accord bâti sur la première note de la gamme joue le rôle de pôle magnétique. Si vous vous en éloignez en usant d'autres accords, vous n'aurez d'autres choix que de revenir sur le premier accord de la gamme que l'on nomme *tonique*. Aussi, pour qu'une chanson puisse dérouler ses mélodies sans verser dans la monotonie, il lui faut faire en permanence un mouvement d'oscillation entre la tonique et un second groupe d'accords, soit une succession de périodes de tension et de détente, et inversement. Le tableau 4-1 présente le rôle et le caractère de tous les accords contenus au sein d'une gamme.

Tableau 4–2 La fonction des accords (exemples donnés pour la gamme de do majeur)

Degré de la gamme	Exemple d'accord	Fonction	Caractère
I (do)	do-mi-sol	Tonique	Stable
II (ré)	ré-fa-la	Sus-tonique	Peu stable
III (mi)	mi-sol-si	Médiante	Stable
IV (fa)	fa-la-do	Sous-dominante	Peu stable
V (sol)	sol-si-ré	Dominante	Instable
VI (la)	la-do-mi	Sus-dominante	Stable
VII (si)	si-ré-fa	Note sensible	Instable

Sous-dominante et dominante

Nous disposons de sept notes pour la mélodie et de sept accords pour l'accompagnement. Cela ne fait-il pas un peu beaucoup ? En réalité, vous n'utiliserez que rarement tous les accords disponibles au sein d'une même chanson.

Nous avons constaté que l'accord construit sur la première note (appelée *premier degré* ou *tonique*) revenait sans cesse, mais quels sont les autres accords indispensables ? Il s'agit de ceux bâtis sur la quatrième (sous-dominante) et la cinquième note (dominante) d'une gamme. Mais à quoi peuvent bien servir les autres ? Ils se substituent aux trois accords principaux, ce qui aura pour effet de rompre la monotonie ou le caractère répétitif des enchaînements d'accords. Cela rendra également le discours musical plus subtil, voire plus complexe. Ainsi le moment venu, plutôt que d'employer un accord de tonique (premier degré), vous pourrez recourir au troisième ou au sixième degré. De façon plus concrète, si votre chanson emploie la gamme de do majeur : en remplacement de l'accord de do (premier degré), vous pourrez, par exemple, choisir l'accord de mi (troisième degré, appelé aussi médiante), ou celui de la (sixième degré, nommé sus-dominante). De façon synthétique, le tableau 4-3 récapitule les accords pouvant être utilisés ponctuellement à la place des accords principaux.

Tableau 4-3 **Les accords principaux et leurs doublures**

Accords principaux	Accords de substitution
Tonique (I)	Médiante (III) ou sus-dominante (VI)
Sous-dominante (IV)	Sus-tonique (II)
Dominante (V)	Note sensible (VII)

À savoir **Trois accords pour le Rock**

Vous avez sans doute déjà entendu qu'il suffisait de trois accords pour faire du Rock. Cette affirmation (volontairement réductrice) est incomplète. En réalité, c'est toute la musique tonale qui est concernée — même Mozart n'échappe pas à l'emploi des trois accords fondamentaux !

Rock, Pop'n'Hop

Qu'elle soit *Pop*, *Rock*, *Folk*, *Reggae*, *Électro*, *Rap*, chantée ou purement instrumentale, la musique populaire utilise le même langage que celui de Bach, Haendel ou Mozart, c'est-à-dire un langage basé sur l'utilisation des gammes. Mais l'analogie avec la musique classique s'arrête là, car, celle-ci fonde son évolution sur le langage lui-même, et plus précisément sur les relations qu'entretiennent les sonorités (les notes) entre elles. Au contraire, la chanson populaire est issue d'une tradition orale, où la partition originelle demeure très rudimentaire : on n'y consigne généralement que le nom des accords employés. Leur interprétation reste à la charge du musicien. De même, le chanteur apprend les mélodies par imitation et n'a de support papier que pour les paroles. Aussi, les partitions d'artistes populaires vendus dans le commerce sont essentiellement le fruit d'un travail effectué a posteriori par un copiste, dont la mission est d'adapter pour le piano, le chant ou la guitare, l'orchestration originale (entendue sur l'enregistrement). On appelle cette opération *une transcription*.

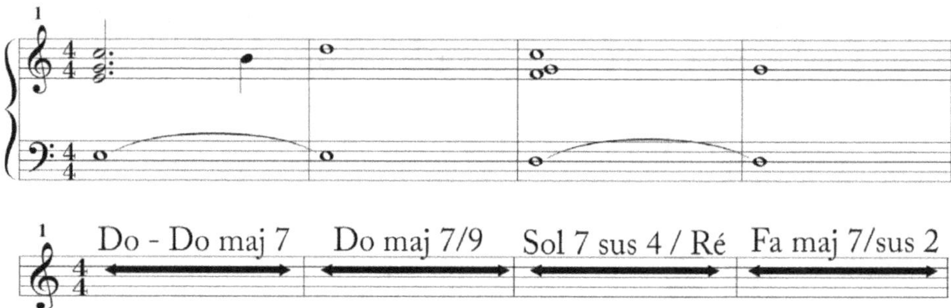

FIGURE 4-15 *Comparaison entre une partition écrite de manière classique (en haut), et celle employée dans la musique populaire (seule la grille d'accords est mentionnée)*

De son côté, la partition des œuvres savantes s'est envisagée au cours des siècles comme une dimension de lecture supplémentaire, d'un intérêt *littéraire* complémentaire à l'écoute d'une composition. Enfin, dans la musique classique, l'équilibre des timbres est assuré par une juste répartition des notes dans l'orchestre, au contraire de la musique pop qui n'en a cure. Pour cette dernière, c'est le travail de mixage qui concourt à pondérer les sons.

> ### Pop music
>
> Nous entendons par *pop music* (*popular music*) tous les courants de la musique populaire ayant succédés au Rythm'n'Blues, quel que soit le style (du Rock'n'roll au Rap, en passant par les musiques électroniques), soit globalement des années 1950 à aujourd'hui. Mais, la nature profonde de la musique dite pop l'exclut d'emblée du champ de la pratique musicale pure. D'ailleurs, son étude ne s'envisage qu'à travers le lien qui l'unit avec l'industrie du divertissement. Aussi, nous la définissons comme un phénomène social jouant sur des états affectifs élémentaires. C'est la raison pour laquelle, le travail de la pop music s'articule autour du matériau sonore en tant que marque de fabrique d'une part, ou autour de l'imagerie, et du commerce de la mode dans son acception la plus large, d'autre part... mais peu sur le langage musical lui-même ! L'avantage pour un compositeur en herbe est de pouvoir s'initier à la création musicale avec un jeu réduit d'instructions, comme l'on dit en programmation informatique.

Les cours de musique de GarageBand

Si la lecture de ce chapitre vous a permis de survoler le programme de formation musicale classique, vous aimeriez sans doute profiter d'un apprentissage progressif mêlant la pratique de l'instrument et celle de la théorie musicale ? Là encore, GarageBand n'est pas en reste ! Depuis la fenêtre d'accueil de GarageBand, cliquez sur *Magasin de cours.*

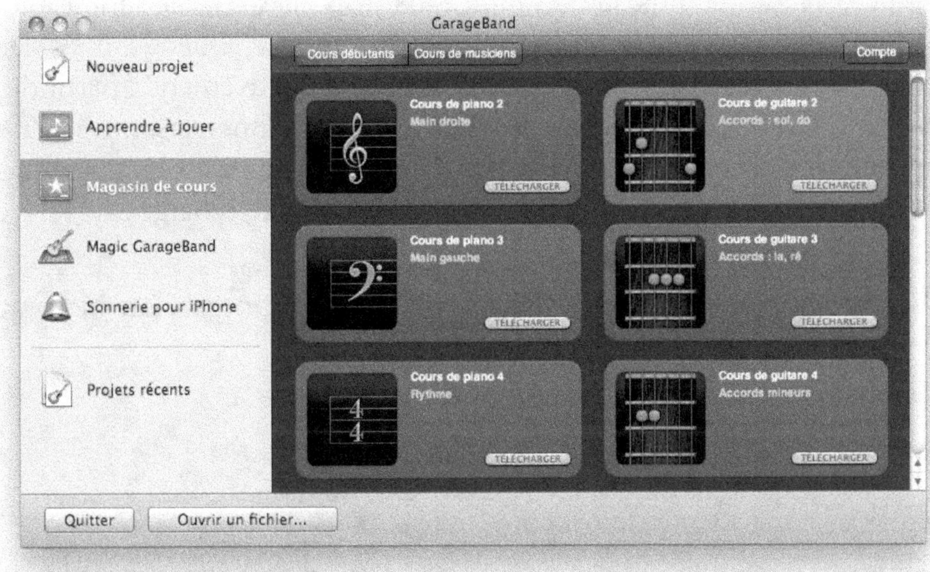

FIGURE 4-16 *Le magasin de cours requiert une connexion internet !*

Deux types de didacticiels sont proposés. Les cours débutants sont gratuits, progressifs, et destinés pour le moment aux seuls pianistes et guitaristes. Chaque leçon porte sur un point technique ou théorique en particulier, et se conclut par l'interprétation d'un morceau. Vous pourrez ensuite l'importer et le modifier au sein d'un projet GarageBand. Les cours de musiciens célèbres (Norah Jones, John Forgerty, Sara Bareilles, Bend Folds, Sting...) quant à eux, sont payants et répartis en trois niveaux de difficulté.

> En pratique **Acheter des cours en ligne**
>
> Pour ce faire, vous devez posséder un identifiant Apple qui n'est autre que celui de votre compte iTunes. Appuyez sur le bouton *Compte* dans le coin supérieur droit de la fenêtre, puis saisissez votre identifiant et votre mot de passe dans les champs idoines. Au cas où vous n'en disposeriez pas, cliquez sur le lien *Créer un identifiant Apple*, puis suivez les instructions affichées à l'écran.

Pour qui aurait déjà suivi un apprentissage sérieux avec un professeur particulier ou en école de musique, les morceaux d'un niveau facile sont abordables dès la première année de pratique instrumentale. Quant aux niveaux intermédiaire et supérieur, ils seront accessibles respectivement à partir de la troisième et de la cinquième année. Il est à noter qu'une version simplifiée des positions d'accords est souvent proposée, rendant accessibles aux musiciens débutants les œuvres difficiles. Une fois le cours téléchargé :

1 Rendez-vous dans la section *Apprendre à jouer*.

2 Vérifiez que votre clavier MIDI est relié au Macintosh, ou bien, que votre guitare est raccordée à la carte son.

3 Sélectionnez au sein de la fenêtre un didacticiel.

Accorder sa guitare

À n'importe quel moment du didacticiel, vous pouvez accorder votre instrument, en appuyant sur le bouton *Synton.* placé dans le coin supérieur droit de la fenêtre.

Figure 4-17 *Accéder à l'accordeur*

Sélectionnez ensuite la corde ❶ avec laquelle vous souhaitez travailler. L'indicateur ❷ au centre de l'écran vous indique la marche à suivre. Deux couleurs d'affichage vous renseignent à tout moment sur l'état de vos réglages. En rouge, l'accordage est à revoir, et en bleu, la corde est correctement tendue !

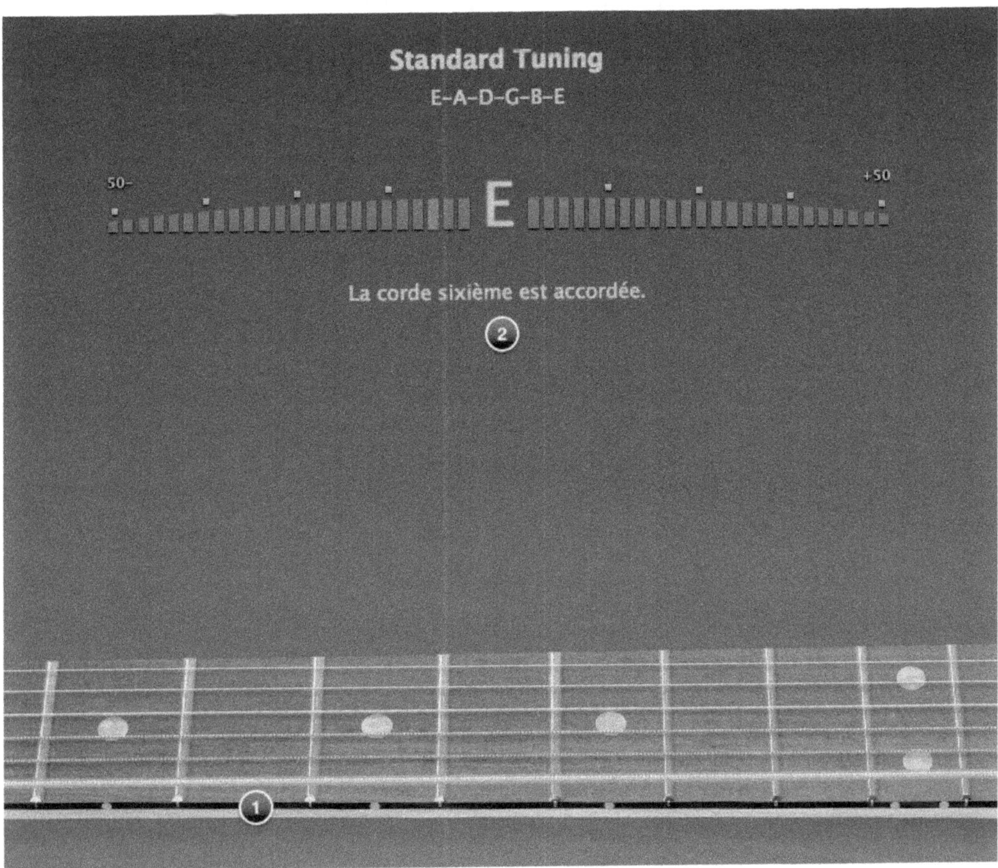

Figure 4–18 *La syntonisation*

Configurer l'affichage du didacticiel

En appuyant sur le bouton *Config*, situé en haut à droite de l'écran, vous accédez aux options de notation musicale, ainsi qu'à celles relatives à votre instrument. En bas à droite de l'interface, n'oubliez pas de spécifier la langue du doublage à l'aide du menu déroulant *Voix-off*, ou bien d'activer, le cas échéant, l'affichage des sous-titres.

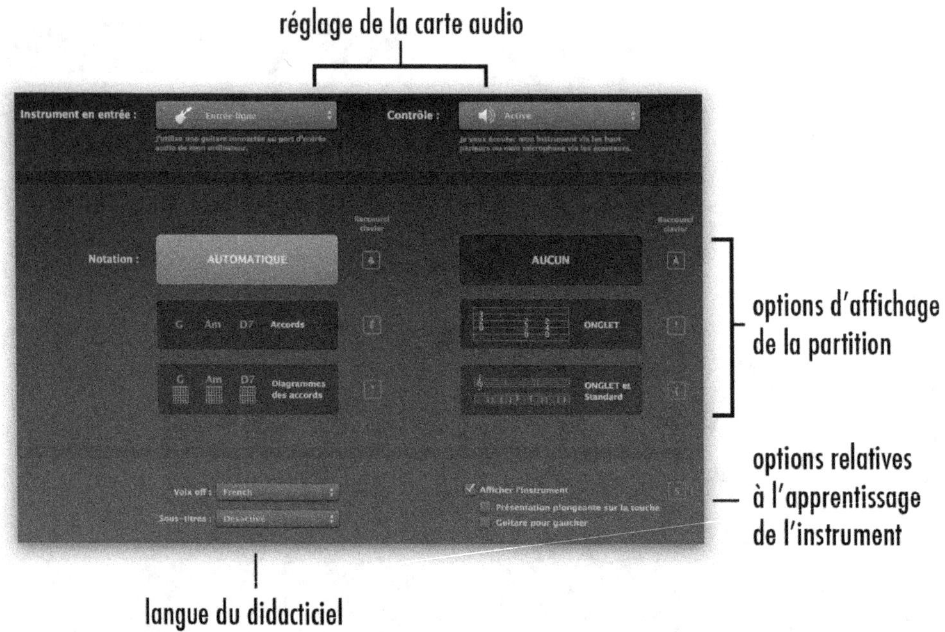

FIGURE 4-19 *Le panneau de configuration*

Le déroulement du cours

Le conducteur ❶ vous indique en permanence quelle partie de la leçon vous êtes en train de visionner. Son principe de fonctionnement est similaire au module *Magic GarageBand* : vous pouvez passer d'une partie à une autre en cliquant sur son intitulé, ou bien visionner en boucle le même passage en actionnant le bouton idoine ❷ situé dans la barre de transport.

FIGURE 4-20 *Accéder directement à un chapitre de la leçon*

En survolant la partie supérieure de l'écran, vous pouvez travailler directement le morceau de fin de leçon (cliquez sur *Play*) ou bien retourner au module d'apprentissage (cliquez sur *Learn*).

Vous pouvez aussi baisser la valeur de tempo, ceci afin de mieux appréhender les passages difficiles.

FIGURE 4-21 *En contrebas de l'interface, la réglette vous permet de jouer les exercices à un tempo plus lent. De surcroît, si vous appuyez sur le métronome, vous entendrez la pulsation.*

Pour apprécier la qualité de votre jeu instrumental, pensez à vous enregistrer en appuyant sur le bouton idoine situé en contrebas de l'interface. Ceci fait, vous pourrez transférer le morceau obtenu dans le séquenceur de GarageBand, à l'aide du bouton *Ouvrir dans GarageBand*.

Accéder à table de mixage

Afin d'équilibrer les différentes sources sonores (la voix de votre professeur, son instrument, le vôtre ainsi que tous ceux constituant l'orchestre d'accompagnement), appuyez sur le bouton *Mixeur* qui se trouve dans le coin supérieur droit de l'interface.

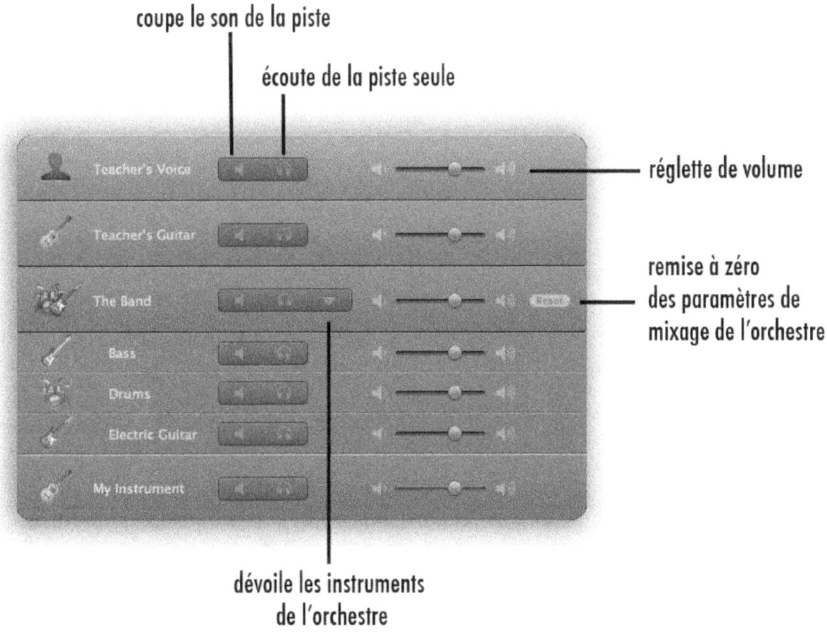

FIGURE 4-22 *Changer le mixage audio de votre didacticiel*

En résumé

Les nombreux didacticiels vidéo disponibles dans GarageBand sont des outils d'initiation intéressants, mais ils n'offrent qu'une vision restreinte et orientée de la musique tonale et du langage qui la gouverne. S'il n'est pas nécessaire d'être un premier prix de conservatoire pour composer de la chanson, en revanche, avoir une solide connaissance des fondamentaux du solfège et de l'harmonie est aussi le moyen de pouvoir exprimer sa créativité en toute liberté. Dans cette entreprise, réfléchissez à la possibilité de vous faire guider par un professeur de musique.

chapitre
5

Auteur-compositeur : les premiers pas

Si les règles de composition sont moins strictes que dans la musique classique, elles existent malgré tout ! Aussi, pour vous donner un aperçu du défi que vous vous êtes lancé, nous esquissons dans ce chapitre les contours de ce qui sera bientôt votre quotidien.

Si vous n'avez jamais encore composé un seul titre, en dehors des quelques assemblages de boucles échantillonnées, vous pensez peut-être que le travail de composition est réservé à une élite touchée par la grâce. C'est une vision certes très romantique, mais quelque peu éloignée du réel. Peu importe le cérémonial qui aura précédé votre volonté de composer (comme se mettre près d'une fenêtre un soir de clair de lune, la guitare sur les genoux, en regardant l'astre mort d'un air affecté...), nous vous l'affirmons tout de go : il ne risque pas de se passer grand-chose.

Le jour où tout a commencé...

Tout le secret réside dans la pratique très régulière de la musique (écouter, jouer, improviser). Une fois que vous avez amorcé la pompe, la source d'inspiration commencera à vous irriguer. Vous alimentez ensuite le cycle créatif en vous nourrissant d'autres œuvres musicales, mais aussi d'autres formes d'art (littérature, peinture, cinéma, photographie...).

> CULTURE **Un exemple à suivre**
>
> Si la légende veut qu'Elvis Costello passe ses journées enfermé à travailler avec acharnement sur ses chansons (des années 1980 à nos jours, artistes comme critiques l'ont qualifié à bon droit d'encyclopédie vivante de la musique populaire), il en va de même pour un très grand nombre d'auteurs-compositeurs-interprètes des Beatles à Prince en passant par Leonard Cohen, sans oublier Paddy McAloon.

Le matériau premier

Construire une œuvre musicale ne diffère guère de la peinture, de la sculpture, de la poésie, voire du cinéma : il vous faut une matière première. Or, elle n'existe qui si possédez un vocabulaire musical. Voici donc quelques pistes de recherche pour amorcer l'écriture d'une chanson :

- Vous partez d'une chanson que vous aimez interpréter pour en produire une autre complètement nouvelle. Pour ce faire, vous changez petit à petit les éléments de la mélodie, vous inversez les accords utilisés, vous introduisez de nouveaux éléments rythmiques. C'est ainsi que, s'inspirant du titre *Almost Blue* d'Elvis Costello Suzanne Vega a écrit la chanson *In Liverpool*.

- Vous pratiquez l'improvisation autour d'accords pris au hasard. Leur son vous inspire, donnant naissance à une suite logique d'accords.
- Vous improvisez des mélodies autour de mots pris au hasard dans le dictionnaire : cela donne l'accroche du premier couplet ou du refrain.
- Vous travaillez sur le timbre de votre instrument (guitare amplifiée, synthétiseurs, platine vinyl, lecteur d'échantillons...), vous installez ainsi l'atmosphère propice à la création d'un nouveau morceau.
- Vous écoutez des titres au hasard chez un disquaire en ligne. Vous vous saisissez de votre instrument, et essayez de produire une mélodie ou une suite d'accords à partir des sons qui vous sont restés en mémoire.
- Vous créez une piste de percussions ou de batterie à l'aide de boucles échantillonnées : trouvez alors les accords ou la ligne de basse qui doit lui correspondre. Si dans le processus créatif, la mélodie commence à se dessiner, vous commencez à toucher au but.

La liste précédente pourrait être encore plus longue. Mais immanquablement, ces stratégies créatives aboutiront à suivre l'un de ces axes de travail :

- Vous avez une mélodie en tête : saisissez votre dictaphone et enregistrez-la, même si vous n'êtes pas chanteur. Dites-vous bien que vous ne pouvez pas laisser s'échapper une idée qui pourrait ne jamais plus vous revenir en mémoire. À partir de la ligne mélodique, il faudra trouver les accords correspondants.
- Vous disposez d'une suite d'accords : enregistrez-les directement dans GarageBand. Vous tenterez de trouver les mélodies par un jeu d'improvisation.
- Tous les éléments arrivent à quelques instants d'intervalle : d'abord des accords, puis la mélodie, enfin quelques idées de paroles. Dans ce cas, le travail de recherche préliminaire du matériau est payant, vous venez de débloquer la force créatrice qui sommeillait en vous !

À ce stade, Il est important de garder une trace écrite ou enregistrée de tout ce que vous jouez. Cela évitera de perdre vos idées en route. Pour ce faire, en plus de votre dictaphone, pensez à reporter dans un carnet le nom des accords que vous utilisez.

Développer sa composition

Pendant la phase de recherche, vous avez rassemblé des éléments musicaux parfois disparates : une moitié de refrain par-ci, un couplet par-là, ou bien encore quelques sonorités intéressantes que vous aimeriez utiliser... Tout cela s'apparente bien souvent à un capharnaüm. Aussi, il est très important d'opérer un tri. Voici quelques éléments pour orienter votre réflexion :

- Évitez de mettre au sein d'une même composition toutes vos idées — même si elles sont géniales.

- Gardez précieusement les éléments qui s'assemblent et mettez de côté les autres fragments musicaux. Ils pourront vous servir pour une prochaine composition !

- Un morceau ne se construit pas de façon linéaire. C'est un peu comme une enquête policière : à partir des quelques fragments à votre disposition (un refrain, une mélodie), vous devez petit à petit reconstituer l'œuvre dans son ensemble.

Le fil d'Ariane

Après avoir séparé le bon grain de l'ivraie, poursuivez le travail de construction en vous aidant de ces quelques pistes :

- Stabiliser les mélodies, en déterminant celles qui conviennent aux couplets et celles dévolues au refrain.

- Choisir les accords qui mettront en valeur les mélodies.

- Écrire éventuellement les paroles de la chanson.

- Déterminer les instruments ou les timbres sonores à utiliser.

- Établir la structure de l'œuvre (intro-couplet-refrain-couplet-break-refrain-solo-refrain...).

- Créer les arrangements en fonction du style retenu (Rock, Heavy, R'n'B, Électro, Folk...).

Accords et mélodies : les relations de bon voisinage

La mélodie et les accords forment un tout indissociable. Ainsi, la mélodie est principalement élaborée à partir des notes de l'accord en vigueur. Admettons que l'on joue un accord parfait de do majeur (soit do-mi-sol). Tant que ce dernier est entendu, la mélodie pourra recourir de façon sûre aux notes do, mi ou sol. Cela dit, rien n'empêche d'utiliser en complément d'autres notes appartenant à la gamme employée (comme ré, fa, la ou si). Ces dernières seront dénommées *étrangères*, car elles n'appartiennent pas directement à l'accord.

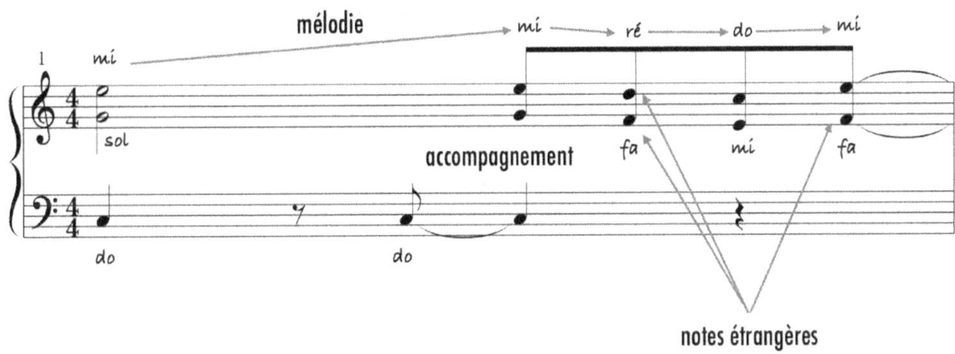

FIGURE 5-1   *Notes réelles (appartenant toutes, dans cet exemple, à l'accord de do majeur) et notes étrangères*

Les progressions d'accords

Les changements d'accords s'effectuent sur le premier temps de la mesure, ou sur le premier et le troisième temps d'une mesure à quatre temps. Le choix entre l'une ou l'autre des formules est dicté par le caractère général du morceau. Si celui-ci est exécuté à un tempo plutôt rapide (120 bpm et au-delà), le rythme harmonique sera généralement d'un accord par mesure. Certains styles n'en ont cure, à l'instar du Punk-Rock ou certains dérivés du Hard Rock — ce qui contribue à préserver leur effet cathartique.

Rythme harmonique

Par rythme harmonique, on désigne la fréquence à laquelle se succèdent les accords au sein d'une mesure.

À RETENIR Temps forts et faibles

Dans la mesure à 4 temps, le premier et le troisième temps sont considérés comme forts, les deux autres sont dits faibles. Pour la mesure à trois temps, seul le premier est fort, les deux autres sont faibles.

Bien sûr, il est possible de déroger à cette règle en introduisant de nouveaux accords sur les temps faibles. Leur durée d'audition étant relativement courte, ce sont généralement des accords de passage, assurant la liaison entre deux accords principaux.

Il est tout autant envisageable de créer des effets d'anticipation ou de retard, en jouant par exemple un accord intermédiaire sur le temps fort suivi de l'accord principal (de tonique) sur la partie faible du temps. Exécuté sur les deux premiers temps de la mesure, on obtient le style caractéristique dujeu de guitare de Keith Richards sur la chanson des Rolling Stones, *Start me up*.

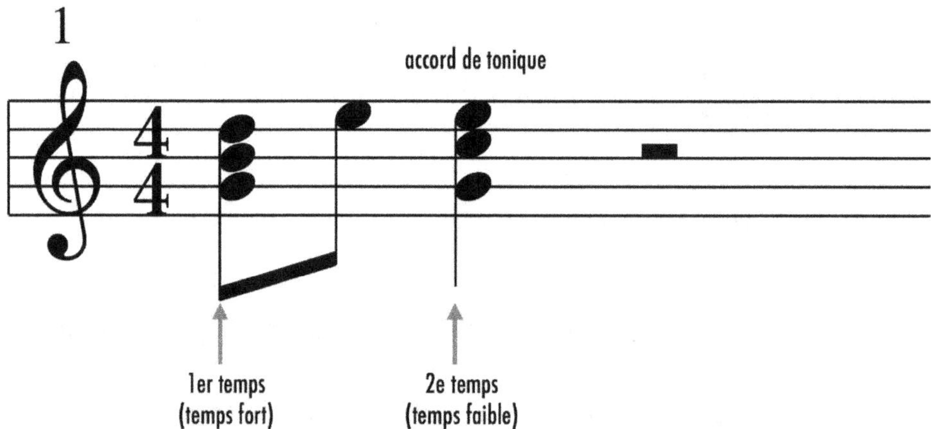

FIGURE 5-2 *Dans le style de Start me up*

Le style néo-Beatles : de Daniel Powter à Robert Post

Appelé ligne clichée (ou *line-cliché* en anglais), le principe consiste à répéter un accord (généralement la tonique) sur plusieurs mesures consécutives, pendant que la ligne de basse procède par mouvement descendant — donnant, par là même, l'impression d'une progression harmonique plus riche.

FIGURE 5-3   *La ligne cliché*

De Coldplay à U2

Dans la chanson *Viva la vida*, Coldplay recourt à une progression d'accords pleine de tensions. En lieu et place de la tonique, on se confronte au 4e degré dès la première mesure. Les phrases d'une durée de 4 mesures se concluent systématiquement sur un sixième degré donnant l'illusion d'un mode mineur, alors que le morceau est bien écrit dans une gamme majeure.

TABLEAU 5-1 **Progression harmonique dans le style de Coldplay**

Accords principaux			
IV (sous-dominante)	V (dominante)	I (tonique)	VI (sus-dominante)

Autre particularité à souligner, *Viva la vida* use elle aussi d'une ligne clichée, et ne donne jamais à entendre les accords pour ce qu'ils sont réellement. En réalité, c'est le mouvement de la basse qui donne la sensation de changements. Les voix intermédiaires de l'arrangement restent stables par série de deux mesures. Quant à la mélodie, elle se résume à deux notes jouées de façon conjointe (ré bémol et do). Dernière remarque concernant la chanson de Coldplay : si le rythme harmonique est bien d'un seul accord par mesure, le changement se fait par anticipation à la fin du quatrième temps de la mesure. Cet artifice contribue à accentuer la sensation de fuite en avant.

> À RETENIR **L'analyse des accords**
>
> Le chiffrage permet au musicien de prendre connaissance de la fonction d'un accord dans le contexte d'une gamme. Pour ce faire, dans l'analyse classique ou Jazz, on emploie les chiffres romains. I signifiera premier degré ou tonique, V la dominante, IV la sous-dominante... Ainsi, peu importe la tonalité employée, on comprend immédiatement leur rôle au sein d'une œuvre. Ce qui ne serait pas le cas, en donnant uniquement le nom et la nature d'un accord : do Majeur ou C Major peut être la tonique de la gamme de do majeur, ou bien la dominante de la gamme de fa majeur, voire même encore la sous-dominante de la gamme de sol majeur. C'est la raison pour laquelle nous donnons avant tout le chiffrage dans les exemples de ce chapitre, et non pas le nom des accords.

Véritable cas d'école, *Viva la vida* n'en demeure pas moins une énième déclinaison de la vague post-Punk (ou New Wave — remontant aux années 1980), et emprunte nombre de spécificités des chansons de cette époque. À ceci près que chez U2, par exemple, la tonique est présentée d'emblée, donnant alors un sentiment de stabilité à intervalle régulier.

TABLEAU 5–2 **Progression harmonique dans le style de U2**

Accords principaux			
I	V	VI	V
(tonique)	(dominante)	(sus-dominante)	(dominante)

Retour aux fondamentaux

Pour revenir à des progressions d'accords plus simples, vous pouvez vous appuyer sur les seuls accords de tonique, sous-dominante et dominante. Le groupe écossais The Jesus and Mary Chain a fondé toute leur discographie sur ces uniques accords, se succédant peu ou prou dans le même ordre.

TABLEAU 5-3 **À la manière de Darklands (The Jesus and Mary Chain)**

Accords du couplet et du refrain		Accords du pont	
I	IV	V	IV
(tonique)	(sous-dominante)	(dominante)	(sous-dominante)
Structure : couplet, pont, refrain			

En gardant ces trois mêmes accords, mais en ajoutant ceux de substitution (II et VI), on obtient une grille harmonique dans le style de Laura Izibor ou des Jonas Brothers.

TABLEAU 5-4 **Progression harmonique avec accords de substitution**

Accords du couplet			
I	II	IV	VI (sus-dominante)
(tonique)	(sus-tonique)	(sous-dominante)	et V (dominante)

Les modulations

Tous les exemples donnés précédemment n'emploient qu'une seule et même gamme pour l'ensemble de la chanson. Mais, rien n'empêche d'en changer plusieurs fois en cours de morceau : on appelle ce procédé une modulation.

> DIFFÉRENCE **Modulation ou emprunt ?**
>
> L'enjeu de toute *modulation* est d'amener l'acceptation d'un nouveau centre tonal, ou, si vous préférez, d'une nouvelle tonique. Lorsque ce changement a lieu pendant une période très courte (moins d'une mesure), on parle alors d'*emprunt*.

Le changement successif de tonalités ne doit rien au hasard. Généralement dans une chanson, on modulera plus facilement dans les gammes dites voisines. Si votre composition est en Do majeur, il pourra s'agir des tonalités de fa majeur, sol majeur ainsi que les relatives mineures correspondantes, que sont la mineur, ré mineur et mi mineur.

> **Les tons voisins**
>
> On appelle *tons voisins* (ou tonalités voisines) les gammes bâties sur la quatrième ou la cinquième note de la tonalité principale. A contrario, les gammes majeures construites sur les 2e, 3e et 7e notes d'une gamme sont dites *éloignées*. Par exemple : do et ré majeur sont des tonalités éloignées, alors que do et fa majeur sont voisines l'une de l'autre.

Soulignons encore que la musique pop recourt de façon très occasionnelle à la modulation en tons éloignés (c'est-à-dire dans notre exemple les gammes de ré, mi, la et si majeur et leurs gammes mineures relatives), contrairement au Jazz et à la musique classique.

Linkin Park : modulation dans le ton de la relative

La chanson *Shadow of the day* illustre avec brio une modulation en ton voisin. Les deux gammes utilisées sont sol dièse mineur (pour l'introduction instrumentale, le couplet et le pont), et si majeur (pour le refrain). L'une et l'autre des tonalités constituent les deux versants d'une même réalité, c'est-à-dire la gamme majeure et sa relative mineure. Le passage d'un centre tonal à l'autre s'amorce au moment du pont (« and the sun will set for you... »). La répétition de cette phrase par deux fois installe définitivement la nouvelle tonique. Cette dernière se voit naturellement confirmée au premier accord du refrain (si majeur) débutant sur les paroles « and the shadow of the day will embrace the world in grey... ».

Toute la progression harmonique s'accompagne d'une montée en tension dans l'orchestration. Le retour au couplet s'opère en douceur, par l'accord du sixième degré (sol dièse) concluant le refrain en mode mineur. Dès lors, l'accord de tonique d'origine (sol dièse mineur) est reconnu comme tel par l'auditeur ; le couplet peut à nouveau se dérouler en mode mineur sans entraîner une quelconque confusion.

L'impression générale d'œuvrer de façon volontaire ou totalement fortuite dans un style proche de U2 s'explique pour deux raisons. Tout d'abord, la progression harmonique I → V → VI → IV d'une partie du refrain est identique à celle de *With or Without You.* Ensuite, l'arrangement général de la chanson, et de la mélodie en particulier, y contribue grandement. Cet exemple est à méditer, car avec une grille d'accords commune, on peut obtenir toute une palette de compositions originales, et très fortes d'un point de vue émotionnel.

La West Coast des années 1970 à 1980 : l'emploi de l'accord pivot

Très influencés par le Jazz-Rock, les groupes ou artistes tels que Steely Dan, Chicago ou Christopher Cross usent de temps à autre de modulations en tons voisins. La technique consiste alors à utiliser un seul accord pivot, appartenant à la fois à la tonalité de départ et à celle vers laquelle on souhaite moduler. L'enjeu est de faire entendre la note sensible (la septième note) de la nouvelle gamme comme préalable au changement. La chanson *Rosanna* du groupe Toto explore successivement quatre tonalités voisines : do, fa majeur, sol mineur et si bémol majeur. Au moment de la modulation de do en fa majeur, on fait entendre l'accord de dominante de la nouvelle tonalité (do), et on résout cet accord *pivot* avec la tonique de la nouvelle gamme (fa).

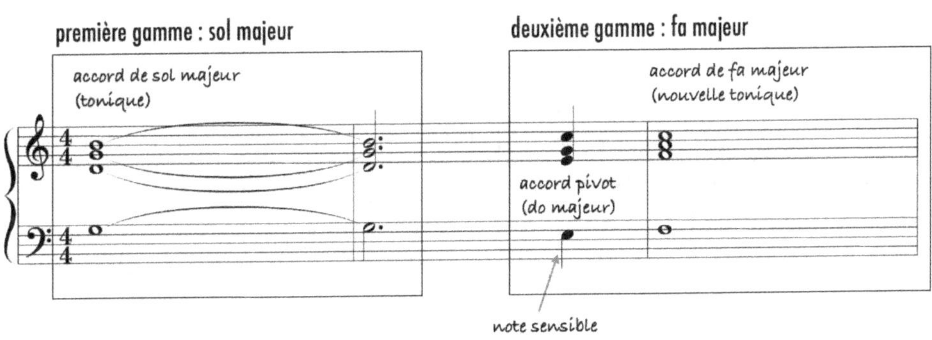

FIGURE 5-4 *Modulation à l'aide d'un accord pivot*

La deuxième modulation en sol mineur (ton voisin de fa majeur et relative de si bémol majeur) s'effectue de façon directe. Le traitement est identique concernant la troisième et dernière modulation entre gammes relatives (de mineur à majeur), mais il est accompagné cette fois par un motif mélodique rapide exécuté par une section de cuivres.

Soulignons que faire usage d'une modulation, directe de surcroît, est de plus en plus rare dans la musique Rock de ces quinze dernières années : John Mayer (*Only heart*) fait figure d'exception à plus d'un titre, puisqu'il recourt en outre à deux gammes très éloignées l'une de l'autre (sol mineur pour le couplet et si mineur pour le refrain).

Du Rythm'n'Blues à la Soul Music : entre emprunt et musique modale

Une autre façon de moduler est de recourir momentanément, pendant une mesure ou moins, à un accord provenant d'une autre tonalité. La première méthode consiste à résoudre la progression VI → III d'une gamme majeure par la sous-dominante (IV) d'une gamme mineure homonyme. Cela vous paraît un peu compliqué ? De manière plus prosaïque, l'accord de IV, qui est majeur, devient subitement un accord de IV mineur. On bascule simplement d'un mode à l'autre en altérant la tierce de l'accord, c'est-à-dire en ajoutant un dièse ou un bémol à la troisième note de cet accord.

FIGURE 5-5 *Changement de mode (de majeur à mineur)*

La seconde méthode consiste à employer un mode ancien comme le Do mixolydien (qui introduit la note Si bémol dans la gamme de Do, tout en préservant le Do comme tonique) puis à revenir subrepticement à la gamme de Do majeur (la note Si redevient alors naturelle). C'est ainsi qu'est construite par exemple la chanson *Justify me* interprétée par Nate James.

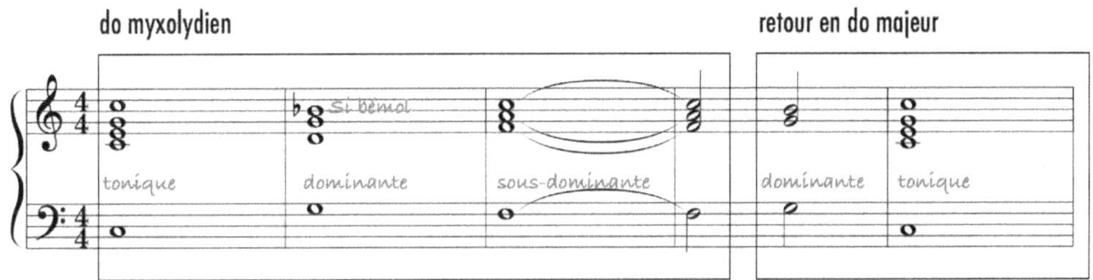

FIGURE 5-6   *Du mode mixolydien à la gamme majeure*

La transposition

La modulation brusque, dans une gamme en ton éloignée à distance d'un demi-ton ou d'un ton de la gamme principale, permet de relancer l'intérêt d'un refrain déjà entendu à maintes reprises dans sa tonalité d'origine. Cette modulation définitive s'opère généralement en fin de chanson lorsque le refrain est répété ad libitum. Citons quatre exemples pris au hasard dans le nombre incommensurable de titres usant et abusant de cet artifice : *For your love* de Stevie Wonder, *One sweet day* de Mariah Carey, *I will always love you* interprété par Whitney Houston ou bien encore *The storm is over* de R Kelly.

Techniquement, il ne s'agit ni plus ni moins que d'une simple transposition de tout l'arrangement. GarageBand l'autorise de fait pour toutes les régions MIDI (instruments logiciels), et certaines régions audio qui comportent des indications de tonalités (à l'instar des boucles présentes par défaut dans le logiciel).

> À SAVOIR   **Les régions MIDI et audio**
>
> Les enregistrements effectués dans GarageBand apparaissent dans l'interface sous la forme de briques de couleur que l'on nomme *régions*. Elles contiennent soit du son (ce sont les régions audio), soit des données informatiques (ce sont les régions MIDI).

Après avoir double-cliqué sur l'une de ces régions, l'éditeur s'affiche en contrebas de l'interface. En actionnant la réglette de *Tonalité*, sur la gauche, vous transposez la phrase musicale par incrément d'un demi-ton.

FIGURE 5–7   *Fonction de transposition dans l'éditeur de GarageBand*

Les arrangements

Œuvrer dans la musique pop et ses courants plus ou moins radicaux vous dispense, dans un premier temps du moins, d'appliquer toutes les règles d'arrangement en vigueur dans la musique classique et le Jazz. Pour vous en convaincre, réécoutez le premier album de Joy Division (*Unknown Pleasures*) produit par Martin Hannett. Au sein d'un groupe de Rock ou de Rap, chaque instrumentiste interprète à sa manière les instructions musicales de base qui lui sont transmises (l'accord ou de courts motifs mélodiques) sans tenir compte des contraintes de l'harmonie tonale. Autrement dit, toutes ces musiques populaires reposent sur un collectif d'individualités, où chacun des participants exprime ses spécificités sans tenir compte systématiquement des contraintes induites par les autres musiciens.

Les règles auxquelles vous échappez

Traditionnellement, les instruments intermédiaires, placés entre le chant et la basse (soit le point le plus haut et le plus bas d'une composition) ne sont pas libres de leur mouvement. Des règles très strictes les encadrent, notamment :

- Aucun instrument ne doit venir concurrencer la basse ou le chant afin de ne pas entraîner de confusion dans la nature de l'accord joué, et, bien sûr, ne pas changer le caractère de la mélodie.

> EXEMPLE **Une règle malmenée**
> Des Beach Boys à New Order, les contre-exemples enfreignant cette règle sont trop nombreux pour être listés.

- À une note extraite d'un premier accord doit correspondre théoriquement une seconde note d'un second accord située à une hauteur proche, ceci afin d'assurer la continuité des différentes voix qui se dessinent. Aussi, pour ce faire, il est conseillé d'opérer un mouvement parallèle de toutes les voix lorsque la basse bouge peu ou pas.
- À l'inverse, lorsque la basse opère par mouvements disjoints, les autres voix s'articulent en sens contraire.

> POP **Une règle malmenée**
> Précisons encore une fois que, dans la musique populaire, les sauts intempestifs sont admis. Voici quelques exemples de chansons données à titre indicatif : *Bricks and mortar* de The Edidor, *Crystalised* de The XX, *Self esteem* de The Offsprings, *Cornerstone* de The Arctic Monkeys.

Ces règles sont donc rarement employées. Quand bien même ce serait le cas, elles sont dévolues à des arrangements bien particuliers comme les sections de cordes ou de cuivres qui accompagnent ici ou là certains titres. Dans d'autres cas, il pourra s'agir tout simplement de commodités d'exécution de la grille harmonique : l'instrumentiste aura pris soin d'arranger lui-même ses propres interventions.

Puisque toutes ces règles sont ignorées, comment arrange-t-on un morceau de musique pop ? À la fois de façon visuelle et pragmatique. C'est avant tout un remplissage de couleurs sonores par strates. Chaque musicien du groupe représente une teinte particulière qu'il faut fixer sur une toile virtuelle (le séquenceur ou la bande magnétique). Il ne faut pas perdre de vue que le processus de la musique enregistrée est soumis à diverses contraintes, dont celles édictées par l'industrie du disque.

Gardez également à l'esprit que l'œuvre une fois arrangée doit s'adapter à tout type d'appareil de reproduction sonore. Aussi, la personne en charge du mixage doit concilier les impératifs artistiques et esthétiques que techniques ! Dans ce cadre très rigide, il est courant de se défaire d'une main gauche de clavier (piano, orgue, synthétiseur) jugée trop riche, de supprimer nombre de fréquences médium ou médium graves provenant d'une guitare, voire de congédier, purement et simplement, un instrument qui n'aurait pas trouvé sa place dans le mixage.

> À RETENIR **Quand les règles de mixage supplantent celles de l'harmonie traditionnelle**
>
> Aussi, vous l'aurez déjà compris : une chanson enregistrée subit un formatage plus ou moins intense selon les courants artistiques. Les règles d'arrangement qui prévalent sont des partis pris liés aux techniques de mixage.

De la verticalité à l'horizontalité

Les arrangements sont constitués à la fois d'accords joués sous une forme très verticale ou plus horizontale, lorsque chaque note est jouée séparément l'une à la suite de l'autre. Ce principe de jeu est appelé *arpège*. Mais l'on peut très bien recourir à une superposition de lignes mélodiques jouées par des instruments différents. Les accords résultant de l'empilement des voix aboutiront à une progression harmonique plus subtile.

La pédale

Dans le Rock et la musique populaire de façon générale, l'œuvre est constituée d'un nombre plutôt restreint d'accords répétés sur toute la longueur d'un morceau. Aussi, s'il est possible d'augmenter leur nombre de façon conséquente (au prix toutefois d'un certain maniérisme), vous pouvez tout au contraire réduire leur nombre à un seul pendant la durée d'une partie complète — comme un couplet, par exemple. L'accord de tonique est généralement dévolu à cet usage. La mélodie évoluant de façon continue, l'auditeur ne ressent aucune monotonie, mais plutôt une sensation de stabilité, d'ancrage solide. L'accord ou la note tenue plusieurs mesures se nomme une *pédale*. Pour illustrer notre, faisons de nouveau appel à la chanson *Rosanna* de Toto. Elle recourt à un accord tenu de Sol majeur pendant 8 mesures consécutives (4 mesures d'introduction, et les 4 premières mesures du couplet).

L'ostinato

L'ostinato repose sur la répétition à l'identique d'un motif mélodique ou rythmique. Dans la terminologie actuelle, on la désigne sous le nom de séquence, de *pattern* ou encore de boucle. L'ouverture de la chanson *Goodbye Lucille #1 (Johnny, Johnny)* des Prefab Sprout confie l'ostinato à une guitare électrique (répétant inlassablement les notes mi bémol, ré, do, si bémol). Autre exemple : dans la chanson *Seven nation army* des White Stripes, l'ostinato est confié à la guitare basse électrique. Dans *Billie Jean* de Michael Jackson, plusieurs motifs mélodiques répétés se superposent, apparaissant tout d'abord à la basse synthétique (Mini Moog) puis au synthétiseur. C'est aussi sur ce principe — et sous influence notable de la musique minimale contemporaine (Terry Riley, Steve Reich, Morton Feldman ou Philip Glass) — que se fondent les morceaux de musiques électroniques : de Daft Punk aux Chemicals Brothers en passant par Fatboy Slim. À ceci près qu'à l'instar de la musique répétitive dont elle s'inspire, les boucles évoluent dans le temps à un rythme de progression très lent.

Vers une polytonalité

L'utilisation de deux gammes différentes se déroulant au même moment (et non plus successivement) se nomme *polytonalité*. Ce principe d'écriture est à peine effleuré dans les musiques électroniques ou dans le Rap (Baseheadz, Nas...). Dans ces deux cas, le résultat polytonal s'obtient de façon fortuite en combinant deux boucles qui ne partagent pas la même tonique, mais plutôt une atmosphère sonore semblable. Les dissonances demeurent malgré tout relativement faibles. Ce qui domine réellement l'écoute est le centre tonal du premier échantillon sonore (*sample* en anglais) qui pose les fondations du morceau. En outre, les superpositions de tonalités n'arrivent que de façon ponctuelle.

Contrastes et complémentarités

Jusqu'à la fin des années 1980, il coexistait principalement deux modèles d'orchestration majeurs.

- L'un s'inspirait directement des canons de la musique classique : l'obligation étant (de façon non cumulative) d'introduire progressivement chaque timbre, d'éviter la répétition à l'identique du matériau musical, de faire converger l'ensemble de la chanson vers un point culminant (un climax) qui pouvait être généralement un solo de guitare, de clavier ou de saxophone.
- L'autre était construit sur la tension permanente induite par les timbres des instruments (guitares électriques et synthétiseurs principalement) et l'usage de mélodies lancinantes : c'était le cas du Hard Rock et du Heavy Metal (AC/DC, Judas Priest, Metallica, Iron Maiden...), ainsi que de la New Wave, Cold Wave, No Wave (The Cure, Cabaret Voltaire, Souxie and The Banshees, Sonic Youth, Bob Mould...).

CULTURE **La nouvelle vague américaine**

Si les effets de contraste ne sont en rien nouveaux dans la Pop, c'est à cette époque que le groupe américain The Pixies (alors totalement inconnu du grand public) en fait sa marque de fabrique avec notamment la chanson *Where is my mind?* (1988), jusqu'à l'ériger en gimmick sur les albums Doolittle (1989) et Bossa Nova (1990). Accompagnant le succès foudroyant du deuxième album studio de Nirvana et leur chanson phare *Smell like teen spirit* (1991), ce mode d'orchestration deviendra alors systématique dans le Rock alternatif : The Breeders (ex-Pixies) *Canonball*, Switchfoot *Dare you to move*, Blink 182 *What's my age again*...

À l'orée de l'année 1987 se dessine ce qui deviendra ensuite un cliché durant les années 1990 et 2000 : la confrontation des masses timbrales. Le couple tension/détente s'opère entre le couplet d'une part, et le refrain, d'autre part. Le premier use d'un traitement minimal (section rythmique épurée, guitares électriques en son clair). A contrario, le second recourt à la saturation jusqu'à l'extrême de tous les instruments (y compris parfois des parties vocales).

Quelques pistes pour la prosodie

Dans le cadre d'une chanson, la construction de la mélodie et l'élaboration des paroles sont deux processus étroitement dépendants l'un de l'autre. Attention, ne croyez pas que vous devez vous forcer impérativement à obtenir paroles et musique au même moment. Même si cela se produit de temps à autre, c'est une situation plutôt rare. Si cet aspect de la composition devait se résumer en une phrase, disons simplement que votre mission consiste à marier ces deux éléments de la façon la plus naturelle possible, sans que l'un ne vienne imposer sa conduite à l'autre. Dans le cas contraire, voici ce que vous devrez affronter :

- En écrivant le texte à part, sans vous soucier de la musique déjà composée : les paroles ne s'ajusteront pas à la longueur de phrases musicales, le rythme naturel de la langue se brisera, ou bien les mélodies seront affaiblies après changement.
- À l'inverse, en composant la musique sans introduire progressivement les paroles, vous risquez de développer l'instrumentation au détriment du chant. Au final, le morceau pourrait bien se suffire à lui-même, sans avoir besoin d'un chanteur !

Prosodie

La prosodie est l'ensemble des règles qui régit les rapports entre les paroles et la mélodie du chant.

Ce que nous venons d'énoncer ne constitue pas des interdits. Il s'agit simplement d'une ligne directrice destinée à produire des chansons telles que vous l'aviez envisagé, sans devoir sacrifier l'idée originelle. Aussi, la construction de la mélodie doit tenir compte de plusieurs impératifs. Les quelques conseils suivants sont destinés à faciliter la prise de décision au moment de la composition.

- Pour des raisons de clarté pour l'auditeur, nous vous conseillons plutôt de vous concentrer sur un nombre de mélodies restreint, en lien direct avec les paroles qu'elles devront porter.

- Une mélodie employant très peu de notes, presque monocordes, s'adapte bien à un texte riche et long à la manière de Bob Dylan, Tracy Chapman ou du groupe irlandais The Script...

- A contrario, les mélodies à l'articulation complexe et à l'ambitus large nécessitent un nombre plus restreint de syllabes pour demeurer facilement intelligibles.

L'ambitus

On désigne par ambitus l'étendue d'une mélodie : de sa note la plus basse à la note la plus haute. À titre d'exemple, le couplet de la chanson *When you believe* de Mariah Carey possède un ambitus large (allant du médium à l'aigu), alors que le refrain de la chanson *Shut up and let me go* du groupe The Ting Tings a, lui, un ambitus restreint (la mélodie se concentrant principalement sur deux notes : mi et ré).

- Le travail de la mélodie est lié à celui de l'improvisation : laissez-vous guider par l'atmosphère générale du morceau. N'hésitez pas à employer des formules musicales que vous avez déjà entendues ailleurs, pour les transformer ensuite, et vous les approprier. En la matière, plus votre vocabulaire musical est riche, plus il est facile d'aller puiser des idées à l'intérieur, de façon rapide et spontanée.

Dans cette seconde liste de conseils, nous insistons à présent sur quelques-unes des problématiques liées à l'écriture du texte lui-même.

- Les rimes n'ont rien d'obligatoire, vous pouvez très bien envisager la mise en musique d'un texte en prose.

- Peu importe la langue que vous aurez choisie (que ce soit le français, l'anglais, l'espagnol, l'italien, le berbère...), le seul impératif est que la musicalité naturelle des mots s'assemble parfaitement avec le style musical. D'ailleurs, une langue étrangère est perçue avant tout comme un élément indissociable du matériau musical, dont le sens a une bien moindre importance que l'impact émotionnel qu'elle produit.

- À l'instar de techniques utilisées par Brian Eno, osez les répétitions, ou composez des listes débutant toujours sur le même mot ou la même expression. C'est ainsi que naquit la chanson *Numb* de U2 : « Don't move/Don't talk out of time/Don't think/Don't worry », voire bien avant elle *Dancing* de Bauhaus « Dancing on hot tiles/Dancing on tender-hooks/Dancing down church aisles... »

- Envisagez la structuration des paroles comme un découpage cinématographique : le premier couplet plante le décor, le refrain porte quant à lui le message principal de la chanson. Quant aux couplets suivants, ils éclairent sous différents aspects la scène de départ, ou dévoilent un décor inédit.

- Concernant les situations dramatiques abordées, vous pouvez puiser au hasard dans la liste (non exhaustive) suivante : obtenir, conquérir, ravir, se révolter, implorer, sauver, posséder, faire l'épreuve du deuil, aimer, l'amour impossible, les remords...

Quel plan adopter ?

Si l'organisation interne des chansons n'a pas la richesse de la musique savante, on distingue selon les périodes et les courants artistiques, quelques variantes que nous vous livrons à titre indicatif. Elles pourront vous servir à définir le plan de votre composition. Notez également que chaque partie se compose toujours d'un nombre de mesures paires, allant de 2 à 32 mesures.

La structure de base

Elle se compose d'une introduction instrumentale, d'un couplet et d'un refrain (tous deux répétés autant de fois que nécessaire). Ajoutons quelques précisions :

- La grille d'accords de l'introduction emprunte soit celle du couplet, soit celle du refrain. Elle s'accompagne parfois d'un motif mélodique (d'une ritournelle) joué au clavier, à la guitare, voire chanté (*Island in the sun* du groupe Weezer, *Mr Tambourine Man* des Byrds, *Luka* de Suzanne Vega, *Gimme the night* de George Benson...).

- Entre le couplet et le refrain s'insère une partie intermédiaire que nous désignons sous le nom de *pont*. Ce dernier use d'une mélodie sensiblement différente du couplet. Mais, tout comme le refrain, il arrive que les paroles placées dessus demeurent toujours identiques. Dans le contexte de la chanson, le pont a pour principal but de préparer avec élégance l'arrivée du refrain.

- Après le deuxième refrain, pour varier le climat d'une chanson, ou bien relancer un troisième refrain, il est possible de placer un *break*, qui n'est, ni plus ni moins, qu'un couplet usant d'une mélodie inédite et généralement unique dans l'ensemble de la chanson.

Commencer par le refrain

Ce type de plan n'est pas particulièrement original ; il provient d'une des caractéristiques de la forme rondeau. Citons quelques exemples fameux : *Can't hurry love* interprété par Phil Collins, ou *There she goes* originellement composé par le groupe The La's (1988), et repris par Six Pence None The Richer (1999).

Multiplier les parties

Malgré le succès populaire de l'album *The seeds of love* du groupe Tears For Fears (1989), seuls les artistes œuvrant dans la musique prospective (le *Rock progressif* ou le *post-Rock*) proposent encore des formes vraiment ambitieuses (à l'instar de la musique classique) qui ne reposent plus forcement sur une succession unique de couplets et refrains. Voici un panorama succinct d'artistes œuvrant en ce sens des années 1960 à 2000 : Pink Floyd, Genesis, Peter Gabriel, Frank Zappa, Robert Fripp/King Crimson, Marillion, David Sylvian, Dream Theater.... Aussi, il ne faut pas croire que complexité rime avec maniérisme ou prétention. La chanson à succès *Sowing the seeds of love* en est la meilleure preuve. À l'écoute de ce titre, il est difficile de soupçonner sa complexité. Voici donc un bon exemple à suivre pour vos compositions : créer à la fois une chanson facile à écouter tout en mettant un point d'honneur à ne jamais sombrer dans le simplisme formel.

Tableau 5-5 **Structure de la chanson Sowing the seeds of love
(du groupe Tears For Fears)**

Structure	Durée	Tonalité
Introduction (bruitages et entrée de la batterie)		Nota : les modulations se font en tons voisins
Couplet partie 1	4 mesures	Gamme de sol mineur
Couplet partie 2	4 mesures	
Couplet partie 3	1 mesure à 4 temps et 1 mesure à 2 temps	
Refrain	6 mesures	Gamme de do majeur
Couplet (partie 1,2 et 3)	Identique au premier couplet	Gamme de sol mineur
Refrain	6 mesures	Gamme de do majeur
Refrain (formule de conclusion)	1 mesure à 4 temps et 1 mesure à 2 temps	
Instrumental	8 mesures	Gamme de fa majeur
Instrumental 2 (introduit le break)	4 mesures	
Break	18 mesures	
Solo de trompette (climax, le point culminant de la chanson)	3 mesures	Gamme de do majeur
Refrain (partiel)	3 mesures	
Solo d'orgue	10 mesures	Gamme de la mineur
Retour à l'introduction (batterie seule)	1 mesure	

TABLEAU 5–5 **Structure de la chanson Sowing the seeds of love
(du groupe Tears For Fears) (suite)**

Structure	Durée	Tonalité
Break 2	8 mesures	Gamme de ré majeur
Retour du couplet 1	4 + 4 + 2 mesures	Gamme de sol mineur
Refrain	6 mesures + 3 mesures	Gamme de do majeur
Refrain (formule de conclusion)	2 mesure à 4 temps et 1 mesure à 2 temps	
Reprise du refrain à l'infini	Ad libitum	

Derniers conseils avant le grand saut

Pour conclure ce chapitre, nous avons rassemblé pour vous dix conseils qui nous semblent importants, allant au-delà de toutes considérations techniques.

- Puisez votre inspiration dans les chansons d'autres compositeurs.
- Imprégnez-vous de la musique. Entraînez-vous à produire mentalement des mélodies.
- Écrivez sur ce que vous connaissez et gardez-vous de mettre toutes les bonnes idées dans une seule et unique composition.
- Écrire une chanson n'est pas nécessairement mettre un poème en musique : c'est un genre à lui tout seul, mêlant les mots et les notes.
- Les auteurs-compositeurs les plus prolixes sont avant tout de grands lecteurs.
- Écoutez attentivement les mélodies que vous composez : elles portent en elles les mots de votre future chanson.
- N'oubliez pas non plus qu'en matière de création, la liberté n'est jamais totale. Anticipez l'étape du mixage en façonnant de manière judicieuse les orchestrations.
- Faites toujours du mieux que vous pouvez, sans aucun calcul.

- Ce qui vous distingue n'est pas ce que vous dites, mais la façon dont vous le dites.
- La première phrase d'une chanson est la plus importante : c'est votre accroche. Vous séduirez votre public grâce à elle.

La préparation de l'enregistrement

Au terme du chapitre précédent, vous avez passé quelques jours à rechercher des accords, des mélodies, et bien sûr des paroles. Vous jouez votre chanson en vous accompagnant de votre instrument de prédilection (guitare ou clavier). Votre composition est donc virtuellement prête. Il est temps de passer à l'étape suivante : la préparation de l'enregistrement.

Réglages préliminaires

Avant de procéder à l'enregistrement proprement dit, il convient d'optimiser au mieux son environnement de travail. Comme nous l'avons vu à la fin du premier chapitre, les éléments essentiels de votre home studio (instrument, interface audio et l'écran de l'ordinateur) doivent se situer dans le même axe, afin d'être pratique d'emploi, mais aussi afin de vous éviter quelques problèmes musculaires au bout de plusieurs heures de travail. Pivotez vos moniteurs de studio dans votre direction, de façon à ce que les deux enceintes et votre tête forment les trois points d'un triangle équilatéral.

16 ou 24 bits ?

Plus la profondeur de traitement est élevée, meilleur sera le rendu sonore final. Aussi, dans le cadre d'une production musicale mêlant prise de son, boucles échantillonnées et retouches diverses (découpages, effets...), recourez sans état d'âme à l'emploi du 24 bits.

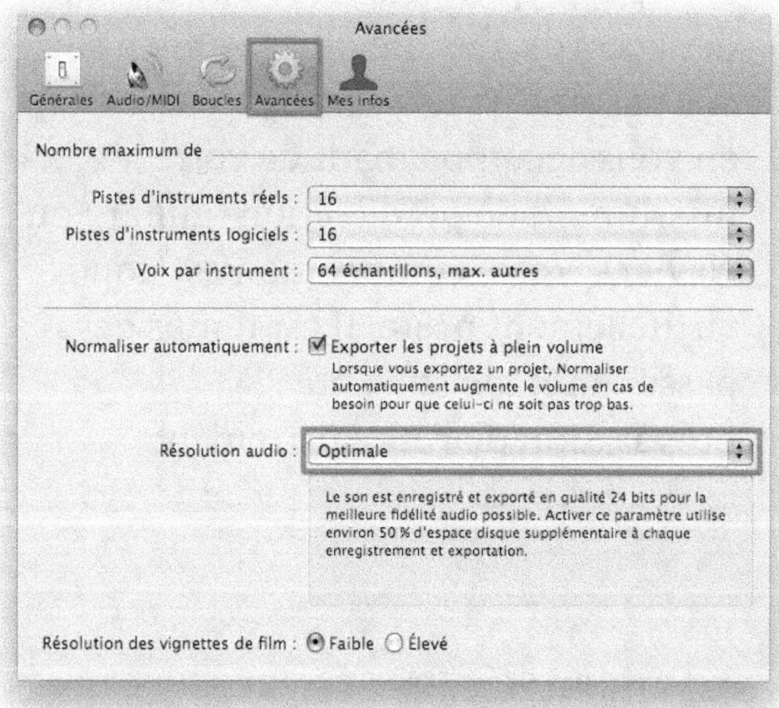

FIGURE 6-1 *Résolution audio optimale (24 bits)*

1 Rendez-vous dans les préférences de GarageBand et cliquez sur le bouton *Avancées*.

2 Déroulez le menu en face de *Résolution audio.*

3 Cliquez sur *Optimale.*

> En pratique
>
> **Les différents niveaux de résolution audio de GarageBand**
>
> Dans la terminologie du logiciel, la résolution appelée Bonne opère sur 16 bits à l'enregistrement, ainsi qu'au moment de l'exportation. Elle n'a d'intérêt que si votre travail consiste uniquement à assembler des échantillons sonores, sans leur faire subir le moindre traitement. Ainsi, vous y aurez recours pour l'élaboration d'un podcast, ou l'illustration sonore d'une vidéo destinée à l'Internet.
>
> En revanche, Meilleure autorise la prise de son en 24 bits mais ne génère que des fichiers 16 bits. Ce changement de résolution à la baisse entraîne une dégradation du signal que l'on désigne sous le nom de troncature.
>
> Comme GarageBand n'est pas en mesure de pallier ce problème sans l'adjonction d'outils externes, préférez-lui le réglage Optimale. Ainsi de l'enregistrement à l'exportation, vous maintiendrez la chaîne de traitement sonore à son niveau le plus élevé.

Nombre de pistes

Par défaut, GarageBand attribue dynamiquement le nombre de pistes pouvant être jouées simultanément. Afin d'éviter de consommer trop rapidement les ressources de votre ordinateur, commencez systématiquement vos projets avec un nombre restreint de pistes. Puis augmentez-les au fur et à mesure de votre travail : vous éviterez ainsi que GarageBand devienne instable.

Au départ d'un nouveau projet, rendez-vous dans les préférences de l'application, panneau *Avancées*, ajustez le nombre de pistes d'instruments réels et logiciels à 16. Concernant le nombre de voix par instrument, dans le menu local situé au-dessous, demandez 64 échantillons.

À savoir **Différents types de piste**

Les séquenceurs modernes enregistrent et lisent deux types de contenus : audio et MIDI. GarageBand n'échappe pas à cette règle. Toutes les prises de son et échantillons audio-numériques seront consignées à l'intérieur d'une piste dite d'instrument réel. Par contre, les notes provenant d'un synthétiseur, d'une boîte à rythmes, voire toute information musicale transmise par l'intermédiaire de votre boîtier MIDI, seront obligatoirement enregistrées dans une piste d'instrument logiciel. Depuis l'arrivée de GarageBand '09, vous disposez d'un troisième type de piste nommé Guitare électrique. Mais ne vous y trompez pas, il s'agit en vérité d'une piste audio disposant d'une armada d'effets sonores dédiés... à la guitare électrique, pardi !

Voix

Les instruments dits polyphoniques (claviers, guitares...) sont capables de jouer plusieurs sons en même temps. Chacun de ces sons est appelé une *voix*. Afin d'éviter tout engorgement des données dans le Macintosh, GarageBand autorise la limitation du nombre de notes jouées en même temps. C'est la raison d'être du paramètre *Nombre de voix par instrument*.

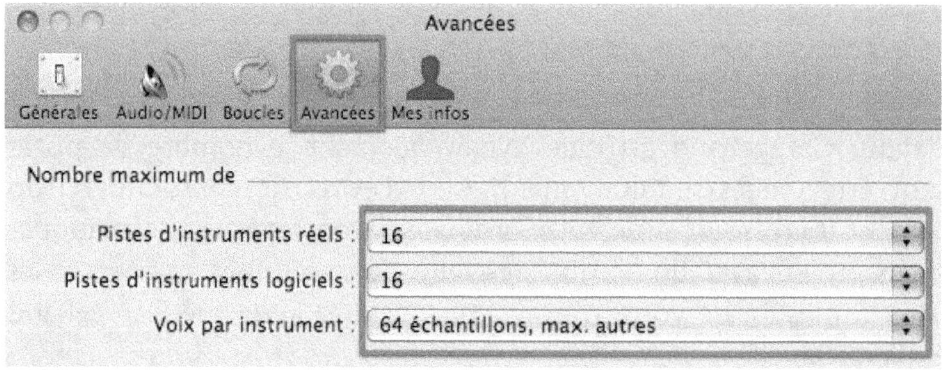

FIGURE 6–2   *Optimisez le nombre de pistes contenues dans un projet*

Au cours de la session de travail, vous pourrez affiner ces réglages progressivement. De plus, à chaque fois qu'il sera nécessaire de procéder à des ajustements, nous ne manquerons pas de vous l'indiquer.

> AVANCÉ **Le traitement interne de GarageBand**
>
> GarageBand traite tous les sons, qu'ils soient enregistrés en 16 ou en 24 bits, avec une précision de 32 bits à virgule flottante. Si l'application sait générer des fichiers audio à ce niveau de traitement, elle est en revanche incapable de les importer. Cette limitation n'est pas propre au logiciel : Logic Pro (Apple) ou Pro Tools (Digidesign) ne s'en sortent pas mieux. En revanche, Live (édité par Ableton), Cubase SX et Digital Performer (MOTU) autorisent une gestion totale des fichiers en 32 bits à virgule flottante.

La fréquence d'échantillonnage

En audio-numérique, l'enregistrement du son est un processus ponctuel et non continu. Il consiste à prendre une photographie du son à intervalles réguliers. Plus le nombre de clichés est important, plus la capture du signal sonore sera précise. Le nombre de prélèvements par seconde est exprimé en Hertz (Hz). L'enregistrement d'un signal audio-numérique se situe généralement à des valeurs de 44 100 Hz, 48 000 Hz, 96 000 Hz… Cela signifie concrètement que la capture du son s'opère 44 100 fois par seconde, ou 48 000 fois par seconde, etc.

Aussi, on peut se demander légitimement combien d'échantillons par seconde il faut prélever pour capturer un son de qualité ? Le docteur Harry Nyquist (1889-1976) de l'université américaine de Yale a répondu à cette question par le théorème suivant : une forme d'onde échantillonnée contient toutes les informations sans aucune distorsion, quand la fréquence d'échantillonnage est supérieure au double de la fréquence maximale contenue dans la forme d'onde à échantillonner. Sachant d'une part, que les microphones ne captent pas les sons au-delà de 20 000 Hz, et que d'autre part, peu d'instruments de musique produisent des harmoniques atteignant les 40 000 Hz, une fréquence d'échantillonnage située entre 40 000 et 80 000 Hz suffit. Dans le cadre de la production d'une maquette (à plus forte raison si cette dernière fait usage intensif de boucles échantillonnées), travailler en 44 100 Hz (44,1 kHz) encodés sur 24 bits est un choix technique tout à fait satisfaisant. Notez bien que GarageBand n'emploie d'ailleurs que cette fréquence d'échantillonnage, c'est la raison pour laquelle aucun réglage n'est à effectuer.

Bien paramétrer GarageBand

Avant de commencer les sessions d'enregistrement, il convient de procéder à quelques aménagements supplémentaires au sein du logiciel. Grâce à cela, vous affûterez au mieux votre outil de travail, vous évitant bien des déboires dus à un manque d'organisation.

Les réglages de base

Les réglages préliminaires s'opèrent principalement dans la fenêtre des préférences de l'application.

1 Rendez-vous dans le menu *GarageBand > Préférences > Mes infos*, puis renseignez les différents champs de saisie. Au moment de l'exportation de vos mixages dans iTunes, GarageBand insérera automatiquement les informations relatives au nom de l'artiste, de l'album et du compositeur dans le fichier audio. Enfin, il créera une nouvelle liste de lecture où seront rangées toutes vos compositions.

2 Cliquez sur *Boucles*. Veillez à ce que la case *Convertir en instrument réel* soit décochée. Il faut savoir, en effet, que GarageBand sait convertir à la volée une boucle MIDI (appelée aussi instrument logiciel) en un fichier audio. Or, pendant l'enregistrement, puis le travail d'édition, il sera parfois utile de pouvoir changer les notes, leur durée, leur rythme, voire même leur timbre. Ceci ne pourra être accompli que si le contenu musical demeure au format MIDI.

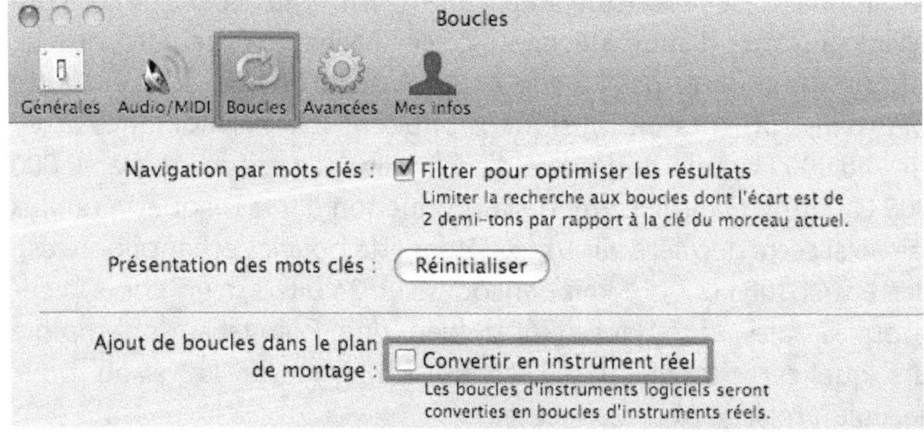

FIGURE 6-3 *Veillez à désactiver la conversion audio des boucles MIDI*

3 Cliquez sur *Générales*. Choisissez l'écoute du métronome uniquement lors de l'enregistrement.

> EN PRATIQUE **Métronome en phase de lecture**
> Si vous souhaitez faire appel au métronome pendant la lecture, il vous suffit d'activer le menu *Contrôle > Métronome*.

4 Cochez la case *Obtenir un aperçu audio à l'enregistrement*. Ceci vous permet d'entendre le contenu de votre projet GarageBand depuis le Finder du Macintosh, sans avoir à lancer l'application.

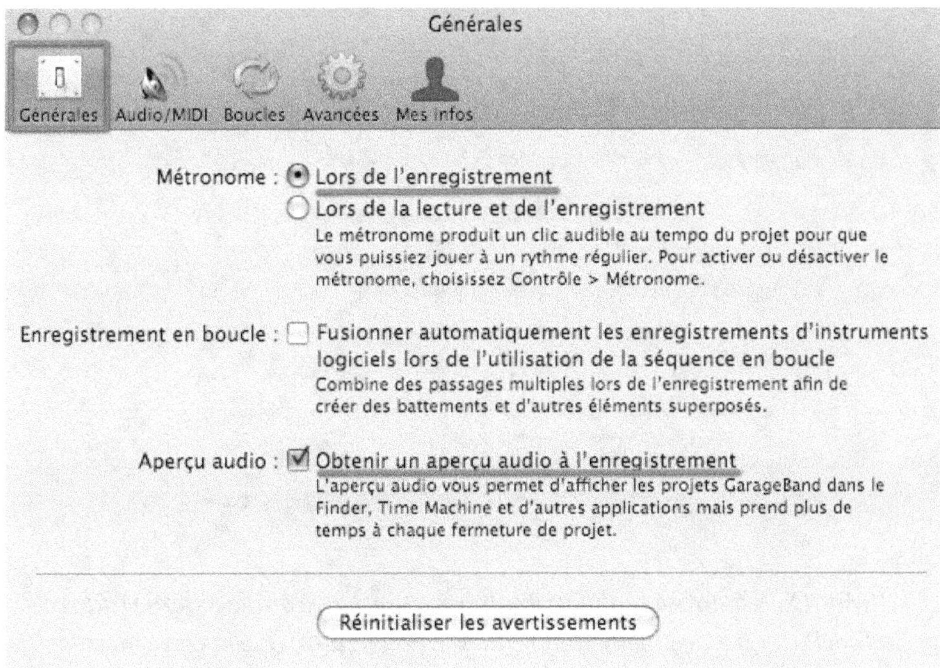

FIGURE 6-4 *Réglages relatifs à l'utilisation du métronome et de l'aperçu audio*

5 Intéressons-nous à la fonction *Fusionner automatiquement les enregistrements*. Elle n'est disponible que pour les pistes d'instruments logiciels. Si vous cochez cette case, lors d'un enregistrement en boucle, toutes les notes jouées se combineront à chaque retour à la mesure de départ. Ceci est particulièrement utile pour la programmation d'une piste de batterie, ou d'une boucle de synthétiseur. Dans les autres cas,

laissez la case décochée. Ainsi à chaque retour à la mesure de départ, une nouvelle piste virtuelle sera créée, vous permettant d'enregistrer plusieurs versions d'une même ligne instrumentale. C'est ce mode que nous choisissons systématiquement.

6 À présent, cliquez sur l'icône *Audio/MIDI*. Veillez au préalable à ce que votre interface audio soit connectée à votre ordinateur. Choisissez le nom de votre carte son dans les menus locaux *Sortie audio* et *Entrée audio*.

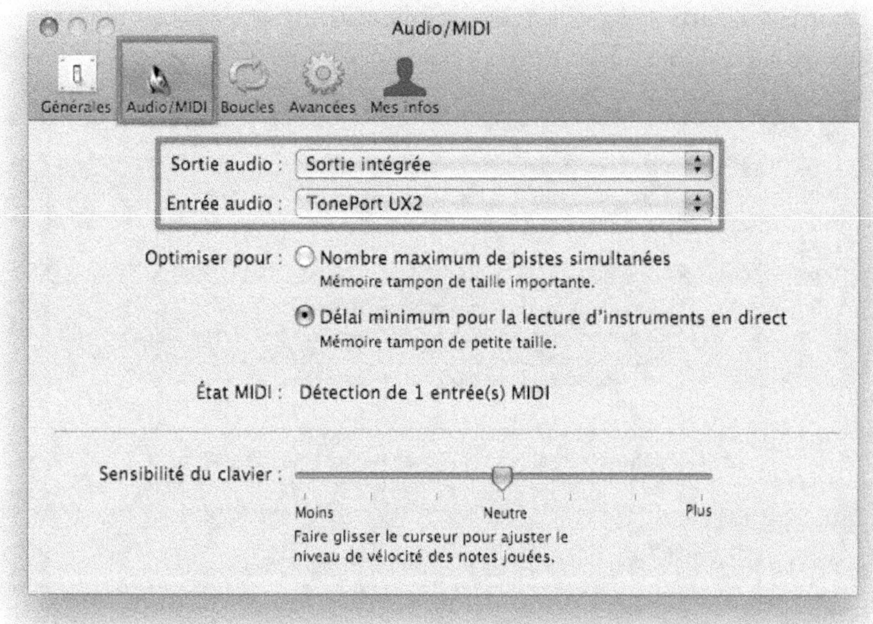

FIGURE 6-5   *Mac OS X autorise l'emploi simultané d'une carte audio externe (dans cet exemple le TonePort UX2 de Line6) pour l'enregistrement ainsi que la carte interne du Macintosh pour l'écoute*

7 Si vous recourez à des instruments virtuels ou MIDI pendant toute la durée des sessions d'enregistrement, optez pour une mémoire tampon de petite taille (fonction *Délai minimum pour la lecture d'instruments en direct*). Au moment de l'édition puis du mixage, vous choisirez une optimisation pour un nombre maximum de pistes simultanées.

Créer un modèle de projet

Quel que soit votre style musical, vous recourez systématiquement à certains instruments, à chaque nouvel enregistrement. Afin de gagner du temps au départ d'un projet, voyons comment établir un modèle type.

1 Commencez par créer un nouveau projet en vous rendant dans le menu *Fichier > Nouveau*.

2 Au sein de la fenêtre de requête, intitulez le projet `Rock Session`.

3 Choisissez le Bureau comme endroit pour la sauvegarde, ceci afin de pouvoir en disposer plus rapidement.

4 Vous pouvez personnaliser le tempo (120 bpm), la gamme (do) et le mode (majeur), ainsi que la mesure (4/4). Cependant, cela n'a aucun caractère obligatoire, d'autant que ces données pourront être modifiées ultérieurement pour s'adapter à votre composition. Cliquez sur le bouton *Créer* pour valider les modifications.

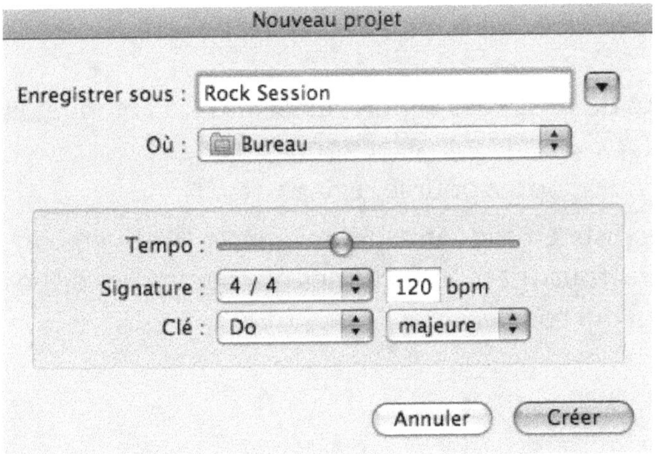

FIGURE 6-6   *La fenêtre de requête*

5 Un petit clavier apparaît en haut de l'interface, faites-le disparaître en cliquant sur le premier bouton situé dans le coin supérieur gauche de l'instrument. Une piste d'instrument logiciel (*Grand Piano*) est présente par défaut. Si elle vous est utile, conservez-la. Dans le cas contraire, commencez par la sélectionner en cliquant sur son icône, puis demandez le menu *Piste > Supprimer la piste*. Pour notre part, nous la conser-

vons à des fins d'expérimentations (que ce soit pour l'élaboration de nouveaux accords ou de lignes mélodiques...).

FIGURE 6-7   *Pour sélectionner une piste, cliquez sur son icône*

6 Créez une nouvelle piste audio, en demandant le menu *Piste > Nouvelle piste*, puis dans la fenêtre surgissante, choisissez *Instrument réel*. Cliquez enfin sur le bouton *Créer*.

7 Sélectionnez cette piste fraîchement créée, puis double-cliquez sur son nom si vous souhaitez changer son intitulé.

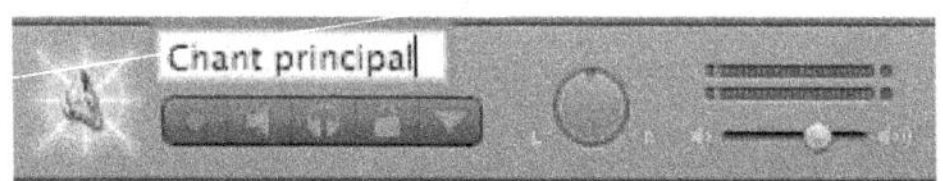

FIGURE 6-8   *Changer l'intitulé d'une piste*

8 Pour débarrasser la piste de tout effet sonore, au sein de la colonne de droite (appelée aussi *Infos de pistes*), sélectionnez l'onglet *Parcourir*. Dans la catégorie *Basic Track*, optez pour le réglage *No Effects*.

9 Personnalisez l'icône de piste en cliquant sur la vignette située en contrebas. Dans le tableau regroupant l'ensemble des pictogrammes disponibles, sélectionnez celui qui convient.

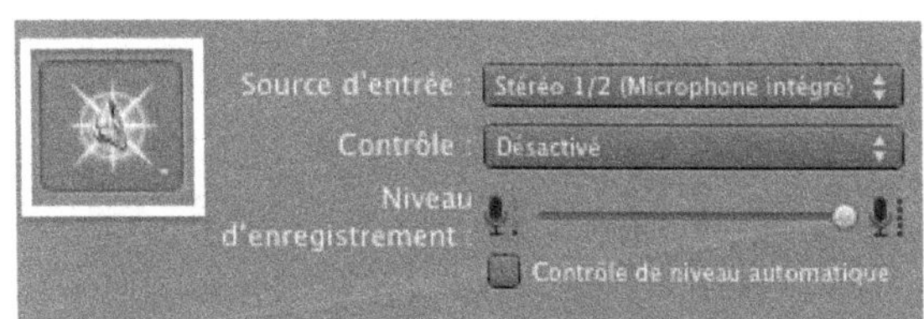

FIGURE 6-9   *Choisir une icône d'instrument*

10 Dupliquez la piste courante, soit depuis le menu *Piste > Dupliquer la piste*, soit via le raccourci clavier *Cmd + D*. Recommencez ensuite les étapes 7 à 9 jusqu'à ce que tous les instruments que vous utilisez tout le temps soient bien ajoutés.

> EXEMPLE
>
> Notre modèle de projet comprend 5 pistes audio, intitulées *chant principal, chœurs, guitare, basse* et *batterie.*

11 Sur le même principe, créez une piste additionnelle de guitare électrique (menu *Piste > Nouvelle piste*, puis dans la fenêtre pop-up, choisissez *Guitare électrique*), afin de disposer de tous les nouveaux effets et autres simulateurs d'amplification de GarageBand '09.

12 Vous pouvez également ajouter quelques pistes MIDI supplémentaires, dévolues aux percussions électroniques ou aux synthétiseurs. Les manipulations demeurent encore une fois identiques : rendez-vous dans le menu *Piste > Nouvelle piste*, puis dans la fenêtre surgissante, optez pour une piste d'instrument logiciel. Pour chacune de ces pistes MIDI, sélectionnez l'instrument virtuel à employer dans la colonne de droite *Instrument logiciel > Parcourir*. Dans notre exemple, nous utilisons l'instrument rangé dans la catégorie *Drum Kits*, et intitulé *Hip Hop Kit*.

13 Quelques petits ajustements sont encore à effectuer avant de sauvegarder. Demandez en premier lieu l'affichage de la piste *maître,*appelée *Piste principale* dans la terminologie de GarageBand. Pour cela, parcourez le menu *Piste* et sélectionnez l'item idoine.

> À SAVOIR **La piste maître**
>
> Appelée aussi piste *master* ou piste principale dans la terminologie GarageBand, elle a en charge le contrôle général du volume, ainsi que des paramètres de tempo, de mesure et de tonalité. En outre, tous les effets ajoutés à cette piste s'appliquent à l'ensemble du mixage !

14 En second lieu, retournez dans le menu *Piste.* Cette fois faites apparaître la piste d'arrangements. En temps et en heure, elle vous aidera à structurer votre composition.

> À SAVOIR **La piste d'arrangements**
>
> Elle vous permet de délimiter les différentes parties de votre morceau (couplet, pont, refrain...), et de les manipuler à votre guise (déplacement, copie).

15 Sauvez toutes les modifications grâce au menu *Fichier > Enregistrer.*

Un modèle personnalisé disponible dans la fenêtre d'accueil

Voyons à présent comment rendre disponible dans la fenêtre d'accueil de GarageBand le modèle de projet que nous venons de créer.

> PRÉREQUIS
>
> Les deux premières étapes de la procédure que nous allons voir ne sont pas compliquées, et peuvent se suffire à elles-mêmes. Si vous êtes perfectionniste, vous ne manquerez pas de réaliser les étapes suivantes, nettement plus ardues. Elles nécessiteront alors le recours à Aperçu (livré avec Mac OS X) et au logiciel de retouche d'images LiveQuartz (gratuiciel) qui serviront à modifier l'icône de présentation de votre projet GarageBand.
>
> ▸ http://www.livequartz.com/

1 Notre projet personnalisé `Rock Session` est placé sur le Bureau. Rendez-vous dans le dossier /Bibliothèque/Application Support/GarageBand/Templates/Projects et glissez-y le projet `Rock Session`.

2 Renommez-le impérativement `10. Rock Session` si vous souhaitez le faire apparaître en bas de liste, ou bien `00. Rock Session` pour un classement en début de liste. Ce dernier sera alors disponible au prochain lancement de GarageBand.

ATTENTION **Règle de nommage**

Il est nécessaire de conserver un espace entre le préfixe numérique (`00.`) et le nom (`Rock Session`) afin d'éviter toute erreur d'affichage au sein de la fenêtre d'accueil de GarageBand.

Malheureusement, à l'intérieur de la fenêtre d'accueil, l'icône par défaut ne s'intègre pas parfaitement dans le cadre qui lui est attribué. Aussi, voyons une astuce pour utiliser les icônes toutes prêtes enfouies dans les ressources de l'application GarageBand.

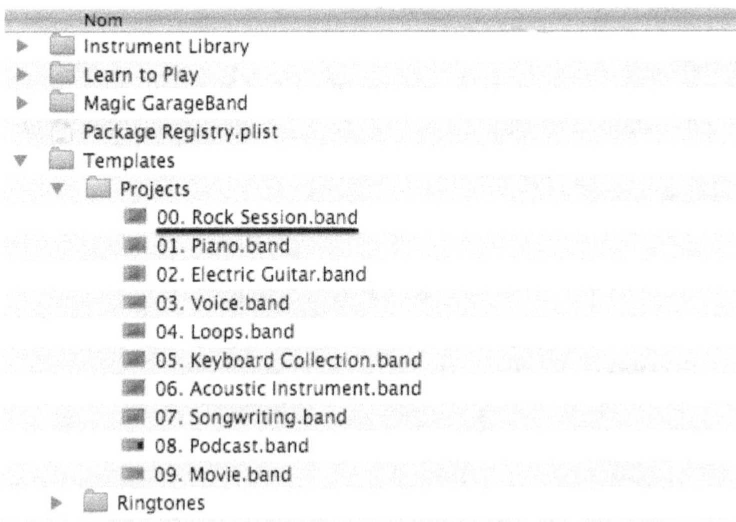

FIGURE 6–10 *Placez le projet dans le dossier /Bibliothèque/Application Support/Gara-geBand/Templates/Projects/*

3 Ne refermez pas le dossier `Projects`. Depuis le Finder, ouvrez une nouvelle fenêtre, à l'aide du raccourci *Cmd + N*. Rendez-vous dans le dossier `Applications`. Faites un clic droit (ou *Ctrl + clic*) sur l'icône de l'application GarageBand.

4 Dans le menu contextuel, demandez *Afficher le contenu du paquet*. Ouvrez successivement les dossiers `Contents` et `Resources`, et examinez attentivement les fichiers présentant l'extension `.tiff`.

FIGURE 6–11 *Le fichier graphique ga_icon_e_front.tiff représente un amplificateur guitare*

> EXEMPLE **Une icône selon votre style**
>
> Évoquant bien l'univers Rock, le fichier `ga_icon_e_front.tiff` représente un ampli de guitare. Si vous œuvrez dans la musique électronique, Dance ou Rap, les icônes `68G.tiff`, `84G.tiff` ou `115G.tiff` pourraient sans doute vous convenir.

5 Double-cliquez sur le fichier graphique choisi. L'utilitaire Aperçu se lance. Demandez le menu *Outils > Ajuster la taille*. Optez pour une largeur maximale de 100 pixels. Cliquez sur *OK*.

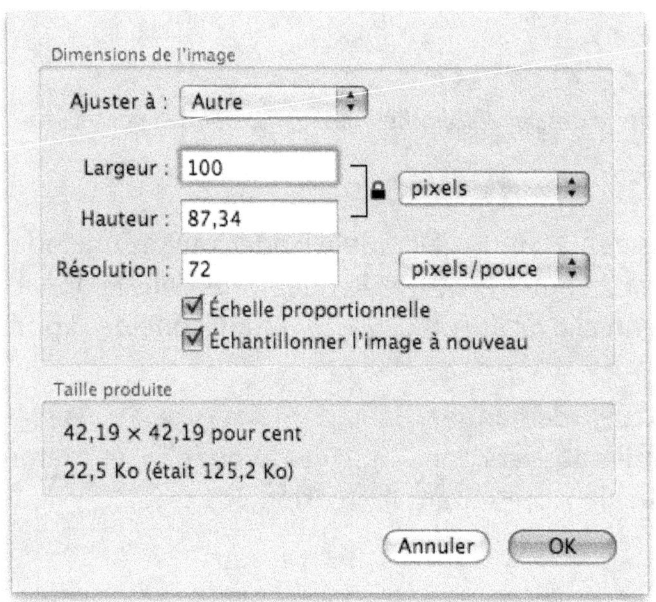

FIGURE 6–12 *Ajustez la taille de l'icône*

6 Déroulez le menu *Édition* et cliquez sur *Copier*. Ouvrez LiveQuartz, puis dans le menu *Édition*, sélectionnez *Coller*. L'image précédemment choisie apparaît.

7 En bas à gauche de l'interface, ajustez la largeur et la hauteur du document à 128 × 128 pixels. À l'aide de la souris, replacez l'image au centre du document graphique.

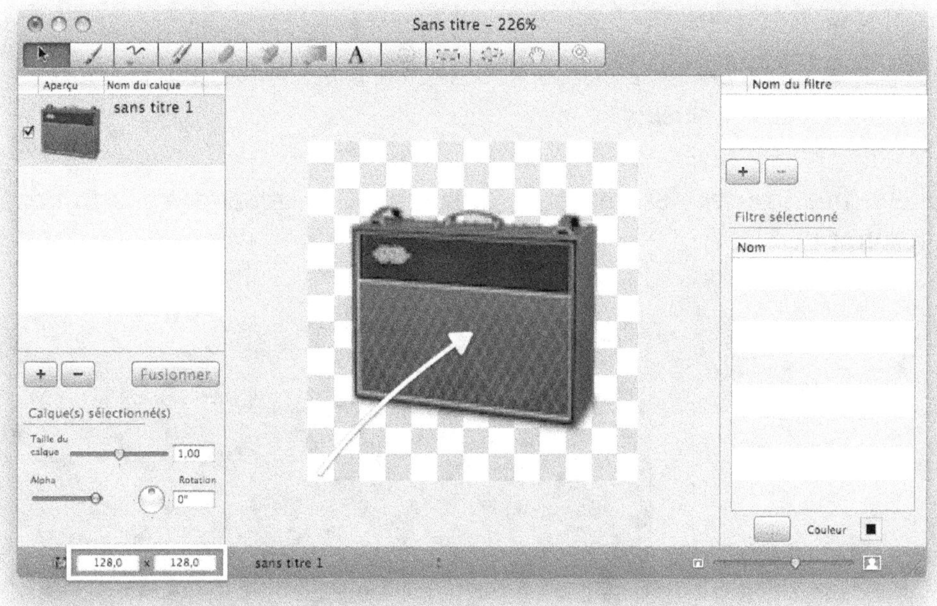

FIGURE 6-13 *Modifiez la taille du document LiveQuartz ainsi que la position de l'image au sein de la fenêtre de travail*

8 Dans le menu *Fichier*, sélectionnez *Enregistrer sous*. Choisissez le Bureau comme emplacement de sauvegarde. Renommez impérativement le fichier `ProjectIcon`. Dans le menu local en contrebas, choisissez le format TIFF sans compression. Enfin, cliquez sur le bouton *Enregistrer*.

9 Quitter LiveQuartz et Aperçu. Déclinez systématiquement l'enregistrement des modifications effectuées, en appuyant sur le bouton *Ne pas enregistrer*. Depuis le Finder, sélectionnez la fenêtre du dossier `Projects`. Faites un clic droit sur le fichier `00. Rock Session`, et demandez *Afficher le contenu du paquet*. Ouvrez le dossier `Contents`. Glissez à l'intérieur le fichier graphique `ProjectIcon` précédemment créé.

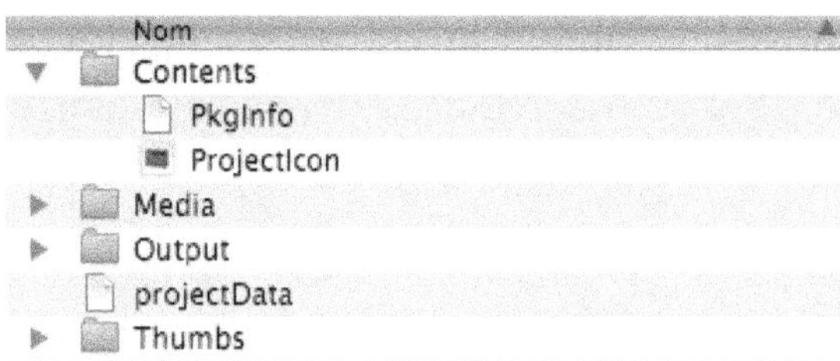

FIGURE 6–14 *À l'intérieur du paquet 00. Rock Session, le fichier ProjectIcon trouve sa place dans le dossier Contents*

10 Refermez toutes les fenêtres, relancez GarageBand et admirez le résultat !

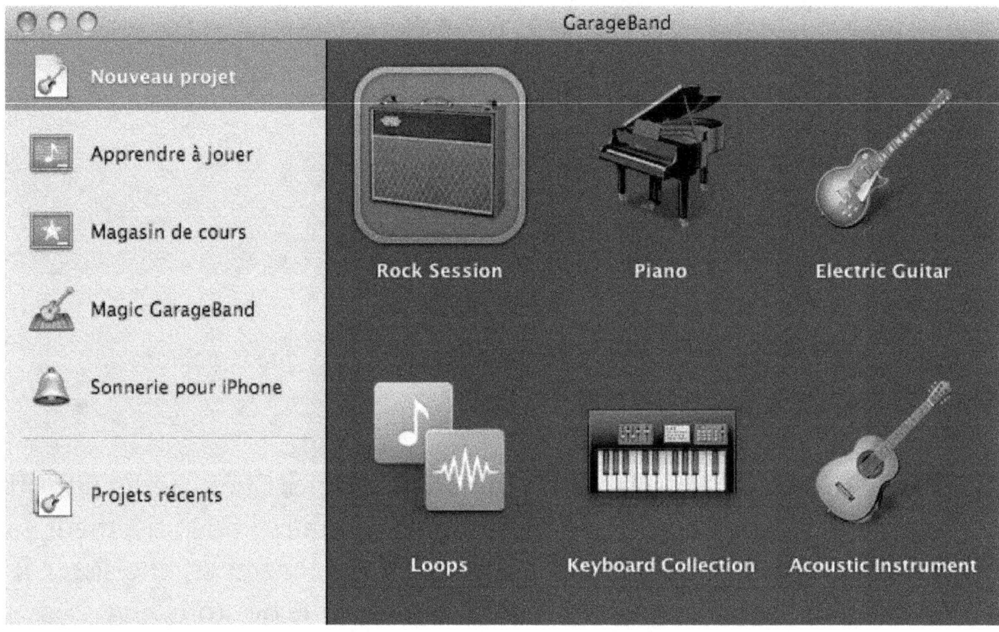

FIGURE 6–15 *Retour à la fenêtre d'accueil*

En résumé

Cette étape vous a permis de rassembler les conditions idéales pour l'étape suivante qu'est l'enregistrement. À ce stade, votre projet GarageBand a été ajusté avec soin. Tournez la page, il est temps de faire le grand saut !

chapitre
7

L'enregistrement

Le producteur et musicien américain Quincy Jones résume l'enregistrement d'une œuvre musicale en une formule : « vous devez savoir précisément ce que vous recherchez, cela vous permettra de savoir comment l'obtenir ».

Les contraintes techniques

Apportez le même soin à l'enregistrement qu'à l'écriture ou à l'interprétation de votre musique, car le mixage n'a pas vocation à rattraper les erreurs de prise de son. En home studio, vous n'avez en règle générale que peu de moyens techniques et financiers. C'est la raison pour laquelle, nous n'avons consigné en fin de chapitre que des recettes faisant appel à des micros à prix budget.

À ce stade du travail, concentrez-vous sur ces trois recommandations :

- Partant du postulat que vous entendez intérieurement ce à quoi ressemblera l'œuvre finale, gardez toujours en mémoire l'idée originale de la chanson tout au long du processus d'enregistrement et de mixage. Les occasions seront nombreuses de vous perdre dans les possibilités offertes par les effets et le matériel à votre disposition.

- Ne négligez pas la qualité de la prise de son. Même si de petites erreurs sont rattrapables au mixage, il ne sera pas possible de sublimer un son de mauvaise qualité.

- De par ses caractéristiques spectrales, la batterie conditionne le caractère général de la chanson. Si vous n'avez pas les moyens de procéder à l'enregistrement de cet instrument dans les meilleures conditions, recourez à l'emploi de boucles échantillonnées de grande qualité. Grâce à cette astuce, vous aurez déjà en partie le *gros son* — celui-là même que vous affectionnez sur les disques du commerce. Dans le cas d'un morceau ne nécessitant aucune percussion, il faudra concentrer tous vos efforts sur le son de l'instrument dominant l'arrangement, que ce soit le piano, la guitare acoustique ou électrique, voire la voix.

La méthode de travail

Le séquenceur ayant progressivement remplacé le crayon et le papier dans le cadre de la composition en musique populaire, nous distinguons trois phases de travail successives.

1 Tout d'abord, il s'agit de placer les bases harmoniques et rythmiques, c'est-à-dire les accords joués à la guitare, au piano ou au synthétiseur,

ainsi que l'enregistrement de la basse et de la batterie. À ce stade de la construction du morceau, les sons utilisés comme les arrangements ne sont pas définitifs.

> CONSEIL **Compositeur non interprète**
>
> Si vous n'êtes pas chanteur, mais que vous composez les paroles et la musique pour votre groupe, prenez le temps d'enregistrer une voix témoin qui servira de base de travail.

2   Ensuite, vient le moment des prises de son finales : elles concernent avant tout le chant et les instruments principaux présents dans l'arrangement. Cette seconde étape marque un tournant décisif dans la construction de l'édifice sonore. Celui-ci doit autant que possible contenir un son chaud, puissant, ressemblant peu ou prou au résultat attendu, à ceci près que les niveaux sonores, filtrages et effets ne sont pas encore présents.

3   Enfin, se placent en dernier les sons d'ornement ou secondaires (arrangements de violons...), les solos (guitares ou claviers) et les chœurs.

Préparer l'enregistrement

Avant de commencer, vérifiez que le matériel composant votre home studio est parfaitement fonctionnel. Si au départ des sessions d'enregistrement vous recourez à des instruments MIDI ou branchés à même la carte son, l'emploi du casque est facultatif. Il en va tout autrement pour les prises de son acoustiques : hormis l'instrument à enregistrer, le silence doit être de mise. Ainsi, le casque vous évitera de désagréables effets Larsen, voire l'enregistrement involontaire des autres sons déjà présents dans la séquence.

En fonction de votre configuration, le branchement du casque pourra se faire indistinctement sur le boîtier audio externe, ou bien depuis une table de mixage. En home studio, il arrive rarement de procéder à des prises de son impliquant plus d'un seul musicien — à l'exception de vous-même. Aussi, raccorder deux casques peut se faire par l'entremise d'un doubleur de prises Jack, sans nécessiter l'achat d'un amplificateur casque. Contrairement aux studios professionnels, vous ne pourrez pas créer deux pré-mixages différents : l'un réservé à vous-même, et l'autre destiné à la personne venue enregistrer. Aussi, ce qui pourrait apparaître comme une limitation est en réalité une force, car, en partageant la même source sonore (le playback d'orchestre), vous comprenez mieux les requêtes ou les objections formulées par vos musiciens, concernant les arrangements. Cela vous obligera certainement à atténuer le volume de l'une ou l'autre des pistes, voire carrément couper le son de certains instruments.

> ASTUCE **Accorder son instrument**
>
> GarageBand dispose d'une fonction *accordeur* dédiée aux guitaristes et aux bassistes. Comme elle est facile à mettre en œuvre, pourquoi s'en priver ?
>
> 1. Connectez votre instrument à la carte audio.
> 2. Sélectionnez une piste d'instrument réel ou de guitare électrique.
> 3. Rendez-vous dans le menu *Contrôle*.
> 4. Sélectionnez l'item *Afficher le syntoniseur sur l'écran LCD*.
>
> Tout se passe ensuite dans l'afficheur digital en contrebas de l'interface : lorsque sa couleur est bleue, l'accordage est correct. Dans le cas contraire, sa teinte passe au rouge.

FIGURE 7–1 *L'accordeur de GarageBand*

Comme vous partagez le même espace de vie avec la personne enregistrée, n'hésitez pas à la guider comme le ferait un chef d'orchestre : indiquez-lui le moment où elle doit jouer et à quelle intensité, aidez-la dans le décompte des mesures, etc. Au sein de votre studio personnel, vous officiez aussi en tant que réalisateur artistique !

Installer les bases du morceau

Avant de procéder à l'enregistrement proprement dit, il faut placer l'instrument qui servira de base rythmique pour l'ensemble du morceau. Si vous avez les moyens techniques d'enregistrer une batterie acoustique, c'est le moment de le faire. Sinon, recourez aux boucles échantillonnées disponibles dans GarageBand.

Sélectionner une boucle et l'insérer dans GarageBand

1 Depuis la fenêtre d'accueil, ouvrez le modèle de projet précédemment réalisé. Puis, donnez un nom à votre fichier de travail et indiquez le tempo, la gamme, le mode, ainsi que la mesure utilisés, si vous ne l'avez pas déjà fait. À tout moment, pour procéder à ce type de modifications, examinez la colonne *Infos de piste*, bouton *Piste principale*, onglet *Parcourir*.

EN PRATIQUE **Des informations importantes pour les boucles**

Les informations de tempo, de gamme, de mode et de mesure n'ont aucun caractère obligatoire pour cette première étape, mais elles seront cruciales dès que vous mettrez à contribution des boucles MIDI ou échantillonnées. En effet, celles-ci ont obligatoirement besoin de se référer à une indication de tempo et de tonalité pour jouer à la fois en rythme et à la bonne hauteur.

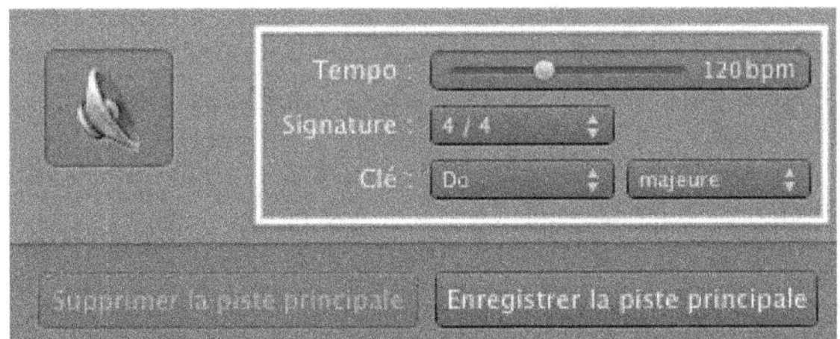

FIGURE 7-2 *La colonne Infos de piste>Piste principale regroupe les paramètres de tempo, mesure et tonalité*

2 Choisissez votre ou vos boucles de batteries. Pour examiner le contenu de la bibliothèque de GarageBand, dans le menu *Contrôle*, demandez *Afficher le navigateur de boucles*. Cliquez sur les différents mots-clés pour opérer un tri par instrument, genre et ambiance. Sélectionnez en contrebas le nom d'une boucle pour l'écouter.

FIGURE 7–3   *Le navigateur de boucles*

> CONSEIL **Tempo**
>
> Pour un résultat cohérent et musical, optez pour des boucles ayant
> un tempo relativement proche de celui employé dans votre compo-
> sition.

	Nom	Tempo	Clé	Temps	Fav
	RS Bread and Butter Ba	110	Do	4	
	RS Reflective Bass 04	120	Si	16	
	80s Dance Bass Synth 0	118	Do	8	
	80s Dance Bass Synth 0	118	Do	8	
	80s Dance Bass Synth 0	118	Do	8	
	80s Dance Bass Synth 0	118	Do	8	
	80s Dance Bass Synth 0	118	Do	8	

FIGURE 7–4   *Pour chaque boucle, le tempo, la tonalité d'origine, ainsi que la durée
(exprimée en nombre de temps) sont précisés.*

L'indicateur de clé vous informe de la tonalité dans laquelle la boucle a
été enregistrée. À moins d'œuvrer dans la musique polytonale, jetez
votre dévolu sur celles en rapport avec la gamme que vous utilisez.

Le nombre de temps indiqué dans l'avant-dernière colonne est à mettre
en rapport avec l'indicateur de mesure : 16 temps dans une mesure à 4/4

correspondent à un remplissage de quatre mesures consécutives, 8 temps vaudront pour deux mesures...

> CONSEIL **Boucles favorites**
>
> Si vous utilisez régulièrement certaines boucles, cochez la case des favoris (en dernière colonne). Elles apparaîtront alors en un seul clic de souris dans la catégorie idoine.

3 Placez à l'intérieur de la piste de batterie, préalablement créée, la boucle que vous avez choisie. Pour cela, il suffit de glisser-déposer son intitulé à l'intérieur de la piste idoine. Si vous déposez la boucle dans la zone grise située en contrebas de la fenêtre, une nouvelle piste se matérialisera automatiquement.

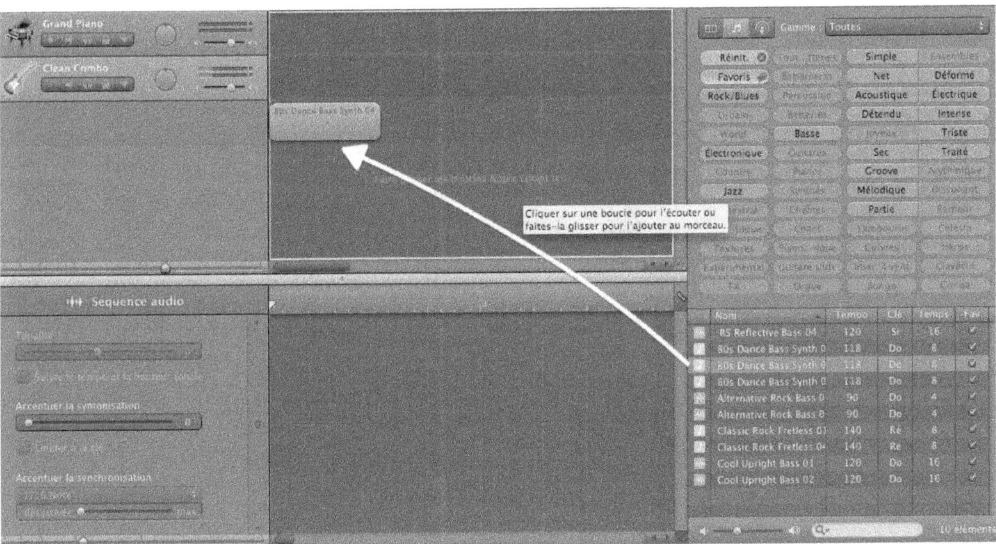

FIGURE 7-5   *Les pistes se créent automatiquement par simple glisser-déposer.*

Travailler sur les boucles sélectionnées

Les points de départ ou de fin d'une région MIDI ou audio peuvent être ajustés. Il vous suffit de placer votre souris dans le coin inférieur gauche ou droit de la brique. Votre curseur se transforme alors en un petit crochet paré de deux flèches. Tout en maintenant le bouton gauche de la souris enfoncé, déplacez celles-ci latéralement.

Le lecture répétée d'une région MIDI ou audio sur des temps ou des mesures consécutives s'opère en un clic de souris. Pour ce faire, placez votre curseur dans le coin supérieur droit de la brique, puis glissez-le vers la droite.

Pour scinder une région en deux, déplacez la tête de lecture du séquenceur au point de coupe. Demandez alors le menu *Édition > Scinder*.

À l'inverse, pour fusionner deux régions consécutives en une seule, sélectionnez-les au préalable dans le séquenceur (tout en maintenant la touche *Maj* enfoncée), puis rendez-vous dans le menu *Édition*. Sélectionnez *Joindre*.

Procéder à l'enregistrement avec GarageBand

La méthode d'enregistrement en direct demeure strictement identique quel que soit l'instrument utilisé, qu'il soit acoustique ou MIDI.

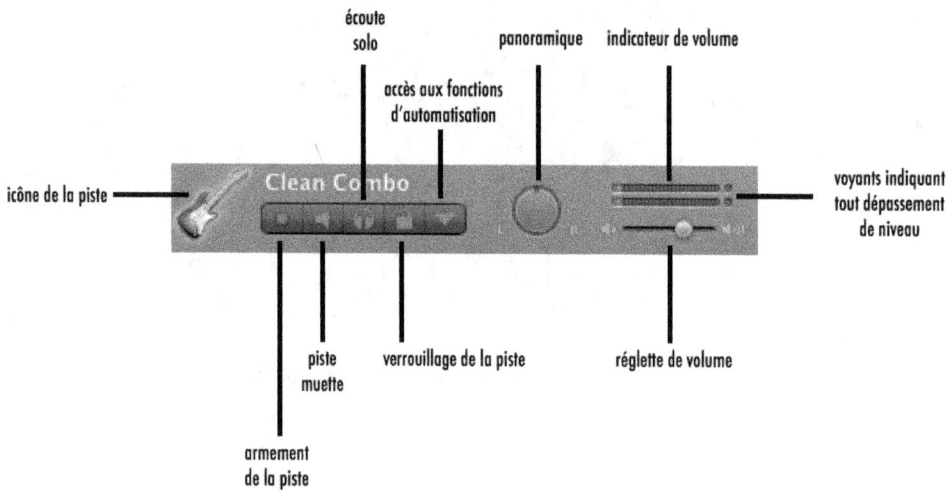

FIGURE 7–6   *L'en-tête de piste et ses différentes fonctions*

1 Dans le menu *Contrôle*, choisissez *Activer le décompte*. Ainsi à chaque départ d'enregistrement, GarageBand fait entendre une mesure à vide, au son du métronome, si la tête de lecture est placée à la première

mesure de la séquence. Dans les autres cas, pendant le décompte, le logiciel lit en plus le contenu de l'arrangement.

2   Si la piste de batterie est déjà présente, vous pouvez désactiver momentanément le métronome pendant la prise de son. Cette façon de procéder permet à tous les musiciens de se caler sur les subtiles variations rythmiques des percussions, sans avoir à subir la pulsation rigide du métronome. Dans ce cas, demandez le menu *Contrôle > Métronome*.

3   Activez le mode de lecture en boucle dans la barre d'outils, en bas de l'écran.

FIGURE 7–7   *Le mode de lecture en boucle, appelé également cycle dans les autres séquenceurs*

ASTUCE   **Travailler avec le mode de lecture cyclique**

Le mode de lecture en boucle procure deux avantages notables :

- La tête de lecture se repositionne automatiquement à chaque départ d'enregistrement.
- À chaque retour de la tête de lecture en début de cycle se crée une nouvelle *prise*, vous autorisant à cumuler au sein d'une même piste autant de versions que désirées. Cela vous évite pour cela d'ajouter de nouvelles pistes ! Outre l'économie des ressources de l'ordinateur, le projet est plus lisible à l'écran. Ce mode de fonctionnement se retrouve également dans les logiciels Digital Performer ou ProTools.

4   Au-dessous de la barre graduée symbolisant les temps et les mesures, apparaît une barre de couleur jaune. Ajustez sa longueur, ainsi que son placement dans la séquence.

FIGURE 7–8   *Déterminez la durée de la lecture cyclique.*

5   Sélectionnez la piste à enregistrer.

6 Dans le cas d'un instrument MIDI, sélectionnez dans la colonne de droite, bouton *Instrument logiciel*, onglet *Parcourir*, le timbre que vous souhaitez utiliser.

7 Pour l'enregistrement d'une piste d'instrument réel, sélectionnez tout d'abord la source d'entrée. Pour entendre le son de votre instrument, dans le menu local *Contrôle* sélectionnez *Activé*. Toutefois, s'il s'agit d'une prise de son avec micro, l'effet Larsen sera sans doute inévitable. Dans ce cas, coupez vos moniteurs de studio et utilisez un casque, ou optez pour *Contrôle > Désactivé*.

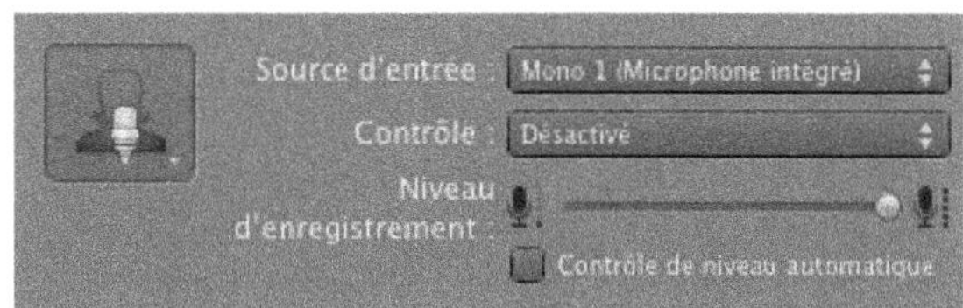

FIGURE 7-9   *Les options relatives à la carte son varient selon le modèle utilisé*

8 Dans le cas exclusif d'une piste de guitare électrique, le choix de la source d'entrée n'est apparemment pas accessible ! Ne paniquez pas, voici comment procéder... Tout d'abord, appuyez sur l'amplificateur. Puis cliquez sur le bouton *Édition*, placé un peu plus haut dans la colonne *Infos de piste*. En contrebas, vous pourrez procéder aux changements requis (dans le menu local *Source d'entrée*).

9 Pour la basse et le chant, vous recourrez le plus souvent à une prise de son monophonique. Concernant la guitare ou les claviers, tout dépend si l'instrument dispose de sorties stéréophoniques et des effets utilisés au moment de l'enregistrement. Dans ce cas, sélectionnez *Stéréo* au sein du menu local *Source d'entrée*.

ATTENTION   **Modèles de carte son**

Selon les cartes audio utilisées, il est possible que la prise de son stéréo ne soit pas une option disponible.

10 Surveillez le niveau de volume à l'aide des voyants lumineux situés dans l'en-tête de piste. En audio-numérique, le seuil maximal est 0 décibel ; au-delà, il n'y a plus de son ! Aussi, comme GarageBand ne dispose pas

d'outils de mesure précis, pour éviter tout impair, la modulation sonore ne doit pas dépasser le premier tiers du bandeau lumineux pour tous les instruments et la voix, à l'exception des percussions et batterie. Elles pourront faire s'illuminer les voyants de temps à autre en orange, mais jamais en rouge ! Si nécessaire, réduisez la puissance sonore en entrée à l'aide de la réglette *Niveau d'enregistrement*.

11 Appuyez sur le bouton d'enregistrement placé dans la barre d'outils. Pour arrêter l'enregistrement, cliquez de nouveau sur le même bouton.

Travailler avec l'Éditeur

En double-cliquant sur une région audio ou MIDI, ou bien en appuyant sur le bouton arborant une paire de ciseaux (dans la barre d'outils), vous accédez à l'éditeur de GarageBand.

Les retouches de base

L'avantage d'une piste MIDI est qu'elle autorise toutes sortes de modifications, après enregistrement. Notez que les notes sont représentées par des barres de longueur variable dans la section *Clavier* et par des figures de notation classique dans la section *Musique*.

Sélectionnez une ou plusieurs notes à l'aide de la souris.

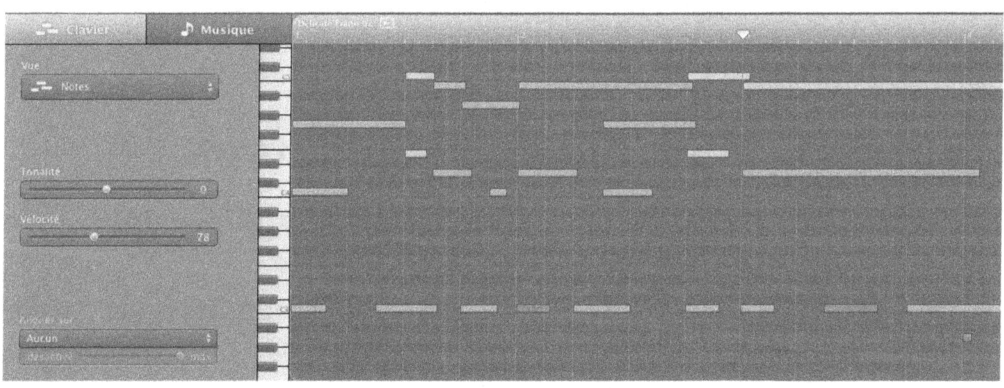

FIGURE 7-10 *Les notes sont représentées sous la forme de barres de longueurs différentes.*

Déplacez-les vers le haut ou vers le bas pour changer la hauteur des notes jouées.

Vous pouvez également modifier la durée d'une note ou d'un groupe de notes en plaçant votre curseur à droite d'une des barres. Puis, tout en maintenant le bouton gauche de la souris enfoncée, dirigez cette dernière vers la droite pour allonger la durée des notes, ou vers la gauche pour écourter leur exécution.

Dans la colonne de gauche, la réglette de vélocité ajuste la puissance d'attaque des notes. En fonction de la valeur attribuée, les barres colorées deviennent plus claires ou plus foncées. Notez aussi qu'à la valeur minimale 0, aucun son n'est audible !

Pour effectuer une transposition automatique de toute la région MIDI, actionnez la réglette de tonalité. Le changement de hauteur s'effectuera par palier d'un demi-ton.

Pour supprimer une note ou un groupe de notes : après sélection, choisissez Édition > Supprimer ou appuyez sur la touche Supprimer.

> Astuce **Modifier les événements MIDI**
>
> S'il est possible d'ajouter ou de retrancher des notes, ou de modifier leur durée, vous pouvez également agir sur les événements MIDI enregistrés par votre instrument. Il pourra s'agir de la molette de modulation, celle de variation de ton (appelée communément *pitch bend*), la pédale de soutien (correspondant à la pédale de droite d'un piano), l'expression (ou *aftertouch*), ou les commandes provenant d'un pédalier. Pour afficher et modifier les courbes correspondantes, déroulez le menu *Vue*.

Aligner une région MIDI sur la grille rythmique

Si une piste MIDI n'a pas été jouée correctement en rythme, vous pouvez encore à ce stade sauver la prise.

1 Dans la section *Clavier*, sélectionnez à l'aide de la souris les notes à recaler en rythme.

2 Au sein de la colonne de gauche, sélectionnez dans le menu déroulant *Aligner sur*, la valeur de référence pour le placement en rythme. 1/1

représente la ronde, 1/2 la blanche, 1/4 la noire... Choisissez de préférence la durée de note la plus petite contenue dans la phrase musicale. Si l'enregistrement ne contient que des croches, un alignement sur la valeur 1/8 suffit.

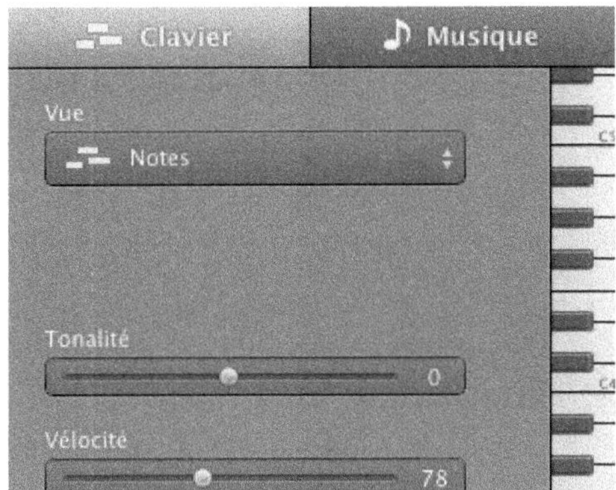

FIGURE 7-11 *L'alignement forcé des notes sur la grille rythmique est également dénommé quantification.*

3 Les difficultés commencent lorsque le jeu du musicien contient notamment des figures de rythme ternaire dans un morceau binaire (à 4/4, par exemple). Dès lors, un alignement systématique même à des valeurs très faibles (1/64 soit la quadruple croche) ne rendrait pas justice à l'interprétation. Dans ce cas, vous pouvez recourir aux valeurs de type *Triolet* ou *Swing*.

4 Pour positionner manuellement les notes au sein de la séquence, il suffit de les faire glisser vers la gauche ou vers la droite. Observez tout de même que leur déplacement n'est pas libre. Il est conditionné par une grille rythmique.

5 Activer ou désactiver le quadrillage s'opère par l'intermédiaire du menu *Contrôle>Aligner sur la grille*. Pour affiner les valeurs de la grille rythmique, déroulez le menu situé dans le coin supérieur droit de l'éditeur.

> RAPPEL **Grille d'alignement**
> La fenêtre principale du séquenceur dispose également d'une grille d'alignement avec ses propres options de réglage.

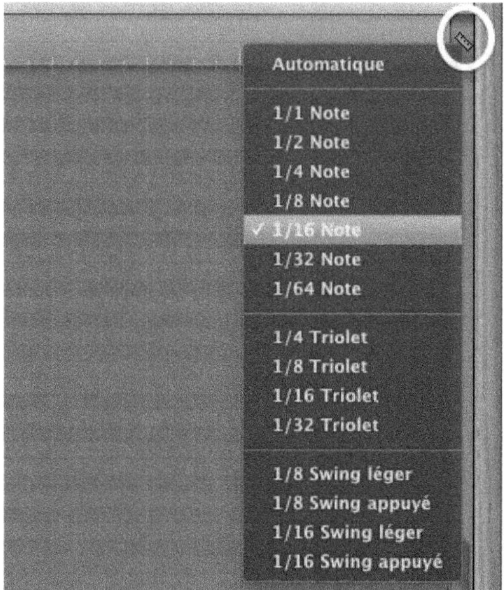

FIGURE 7–12 *Dans l'éditeur, un menu local est dédié à l'alignement des notes sur la grille rythmique.*

Édition d'une piste audio

Les pistes d'instruments réels n'offrent pas la même souplesse d'ajustement que ses homologues MIDI, selon la nature des fichiers audio utilisés.

Vous ne pouvez transposer que des régions audio arborant une teinte bleue ou violette, car toutes deux comportent des informations de hauteur et de tempo. Aussi, pour ce faire, toujours depuis l'*Éditeur*, cochez la case *Suivre le tempo et la hauteur tonale*, puis actionnez la réglette de *Tonalité* (la transposition s'effectuant par demi-ton).

> **En pratique**
> Les boucles audio de couleur orange ne sont pas concernées par toutes ces manipulations.

La réglette de syntonisation agit un peu à la manière du célèbre effet Auto-Tune (édité par Antares Technologies), corrigeant en temps réel les imperfections de hauteur. Vous pouvez également limiter le choix des notes ajustées à celles de la gamme en vigueur dans votre projet. Cochez, pour cela, la case *Limiter à la clé*.

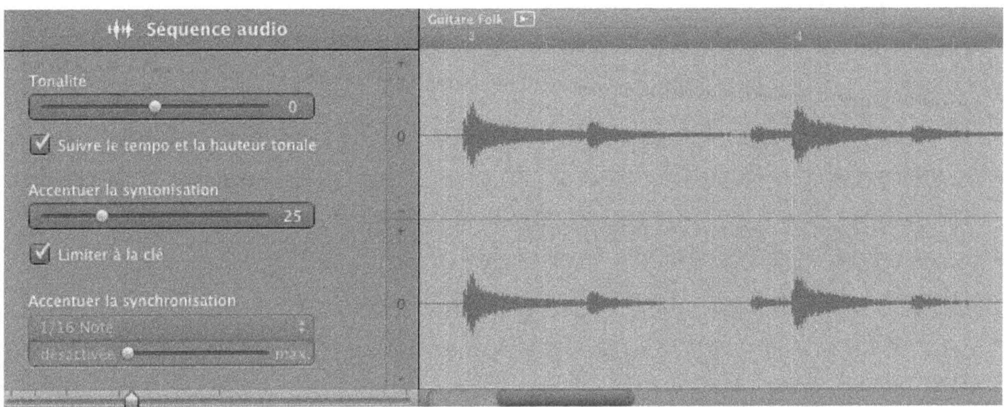

FIGURE 7-13 *Changer la hauteur d'une piste audio sans affecter son tempo*

À l'instar des boucles MIDI, vous pouvez demander un alignement sur la grille rythmique des notes jouées. Commencez par déplacer la réglette idoine vers la droite, en écoutant avec attention le résultat produit. Puis, dans le menu local placé au-dessus, choisissez la figure de rythme requise pour l'alignement. Cette option est à employer avec parcimonie : les résultats obtenus peuvent être déroutants, voire altérer franchement la qualité de l'interprétation.

Le déroulement d'une séance d'enregistrement

Que vous travailliez seul ou bien avec les musiciens de votre groupe, la méthode de préparation d'une session d'enregistrement demeure peu ou prou identique.

1 Écrivez, pour chaque musicien, la grille d'accords utilisée pour chacune des parties de votre morceau (intro, couplet, pont, refrain...). Profitez-en également pour taper dans un traitement de texte les paroles de la chanson, et faites-en un tirage papier. Normalement vos musiciens auront déjà eu connaissance d'une première version de la maquette afin de s'exercer dessus. Ils connaissent donc les accords à employer ou le texte à chanter. Bien que déjà en leur possession, disposer d'un double de ces documents au moment de l'enregistrement est aussi rassurant...

2   Nettoyez et rangez votre home studio. Ce serait dommage de faire fuir vos invités ! Plus sérieusement, il est important de se sentir à l'aise pour jouer.

3   Préparez le projet GarageBand. Vérifiez le câblage et le matériel utilisé. Déployez les amplificateurs, micros, pieds et autre suspension. N'oubliez pas non plus de raccorder les casques à votre carte son. Coupez en prévention vos moniteurs de studio.

4   Si vous êtes à l'aise avec le séquenceur, et l'enregistrement numérique d'une façon générale, ce n'est pas forcément le cas de vos musiciens. Ce moment peut être vécu comme très stressant. D'autant plus que, jusqu'à présent, les imprécisions de jeu passaient inaperçues dans le contexte d'une répétition ou d'un concert. Malheureusement, Garage-Band étant d'une précision chirurgicale, toute note mal formée ou toute hésitation rythmique sera mémorisée pour l'éternité. Aussi, pour obtenir la meilleure prise possible, faites en sorte que l'ambiance de travail soit conviviale et détendue.

5   À quel moment enregistrer ? La question peut paraître triviale, mais il n'en est rien. Obtenir la bonne interprétation est une affaire de psychologie : en cela, votre rôle de réalisateur artistique est très proche de celui de metteur en scène. Si vous vous comportez de façon rigide et froide, en vous contentant de lancer le séquenceur à la bonne mesure, le résultat a beaucoup de chance d'être catastrophique. Vos musiciens ne sont pas des robots jouant sur commande ou des bibliothèques de boucles ambulantes. Aussi, pour éviter tout désagrément, je vais partager avec vous un petit secret qui fera toute la différence le moment venu.

6   Pour mettre à l'aise la personne que vous allez enregistrer, commencez par lui faire entendre le contenu de la séquence qu'elle a déjà travaillée chez elle. Prétextez que vous effectuez pendant ce temps des réglages — ce qui (en soi) est vrai... Libéré du stress lié à la situation, votre musicien jouera beaucoup plus librement. C'est la raison pour laquelle, sans l'en informer, vous choisirez de l'enregistrer à ce moment précis ! Renouvelez l'opération plusieurs fois si nécessaire. Dans plus de la moitié des cas, c'est ainsi que j'obtiens la bonne prise.

Peu après, une fois que l'enregistrement est lancé de façon officielle, dites-vous bien que n'avez plus beaucoup de temps devant vous avant que la fraîcheur et l'inspiration de votre musicien ne s'étiolent. Au bout d'une heure, il n'en restera que la maîtrise technique débarrassée de toute spontanéité, quand ce n'est pas de la fatigue physique et auditive. Aussi, si vous n'avez rien obtenu de satisfaisant, faites une longue pose (d'une à deux heures), ou mieux, différez au jour suivant l'enregistrement. L'important étant que le résultat final soit gratifiant non seulement pour vous, mais aussi pour les personnes de votre groupe. La confiance que vous aurez alors obtenue sera un atout inestimable, tant sur le plan humain qu'artistique.

La prise de son

Pour conclure ce chapitre, nous avons rassemblé quelques recettes faciles à mettre en œuvre et tenant compte du peu de moyens techniques à votre disposition, les micros choisis sont situés dans une gamme de prix inférieurs à 500 euros. Dans le cadre de votre home studio vous n'aurez pas d'autres choix que de travailler séparément avec chaque musicien de votre groupe. Cependant, si vous êtes équipé d'un ordinateur portable, et, bien sûr, si le style de votre musique l'exige, rien ne vous empêche de vous déplacer dans votre local de répétition, afin de procéder à l'enregistrement de votre orchestre en direct : attention, une table de mixage est alors obligatoire !

À SAVOIR **Enregistrer plusieurs pistes en même temps**
Le nombre de pistes simultanées disponibles en enregistrement dépend exclusivement des caractéristiques de votre carte son. Une fois les différents canaux audio attribués à chacune des pistes (dans la colonne *Infos de pistes*), armez ces dernières une à une, puis procédez à l'enregistrement.

Le chant

1 Il est impératif de choisir un micro correspondant parfaitement à la voix du chanteur (et donc de passer du temps dans une boutique spécialisée, si vous ne disposez pas du matériel requis). Ainsi, choisissez un micro à condensateur (Oktava Mk319 ou le peu coûteux Apex 435) qui s'adaptera sans mal au Rythm'n'Blues, à la Pop anglaise, à la chanson

française, au Folk, à la Country ou encore au Jazz vocal. Pour les voix rêches (Rock, Punk, Blues), vous pouvez très bien vous diriger vers un micro de type dynamique (Shure SM57, SM58, Beta 58...) ou bien encore vers un Electro-Voice modèle RE 20.

> BON À SAVOIR **Large diaphragme**
>
> Les micros à large diaphragme donnent à entendre un bas médium riche, qui, parfois, alourdit le timbre.

2 Activez le filtre coupe-bas si le micro en est pourvu, ainsi que l'alimentation phantom dans le cas d'un micro à condensateur.

3 Pour protéger la capsule des projections de salive, comme des excès ponctuels de dynamique, pensez à placer un filtre antipop devant le micro. Cependant, sa présence peut colorer de diverses manières la prise de son. Il faut donc prendre en compte ce paramètre en fonction de la direction artistique suivie. Si vous décidez de vous passer de l'anti-pop, déplacez légèrement la capsule de l'axe de la bouche du chanteur.

4 Si vous n'avez pas encore d'idée sur le placement du micro, disposez-le en face du chanteur à une distance d'environ 15 à 20 centimètres. Il est impératif à ce stade d'opérer plusieurs tests d'enregistrement pour se rendre compte de la qualité du timbre obtenu. N'hésitez pas à changer l'axe du micro ou à déplacer quelque peu le chanteur.

> EN PRATIQUE **Close miking**
>
> Pour une prise de son intimiste, réduisez de façon drastique la distance à quelques centimètres — cette façon d'opérer se nomme le *close miking*.

5 Dans des espaces confinés comportant beaucoup de matériaux absorbants, ou pour une performance vocale avec des écarts de dynamique très important : disposez le micro en hauteur, perpendiculairement au nez du chanteur, à une distance d'environ 20 à 30 centimètres.

6 Si votre carte audio (à la manière des produits Line 6 ou MOTU) vous permet d'apprécier le niveau réel d'enregistrement, contenez le signal à une valeur moyenne de -18 dB, avec des pics de dynamique situés à -10 dB. Si vous ne disposez d'aucune information, restez-en au conseil

précédemment donné : la modulation sonore ne doit pas dépasser le premier tiers du bandeau lumineux dans GarageBand.

7 Armez une piste d'instrument réel. Au bas de la colonne *Infos de piste*, choisissez l'entrée monophonique sur laquelle le micro est raccordé.

Pour l'enregistrement des chœurs, la méthode demeure identique. Mais au lieu d'employer un micro cardioïde, recourez à un omnidirectionnel et disposez vos choristes tout autour.

La guitare acoustique

1 Optez pour un micro à condensateur avec un large diaphragme, placé à une quinzaine de centimètres de la rosace.

2 Activez le filtre coupe-bas si le micro en est pourvu, ainsi que l'alimentation phantom.

3 Contenez le signal à une valeur moyenne de -18 dB, avec des pics de dynamique situés à -10 dB.

4 Dans GarageBand, armez une piste d'instrument réel. Au bas de la colonne *Infos de piste*, choisissez l'entrée monophonique sur laquelle le micro est raccordé.

Pour une prise de son stéréo, il vous faudra évidemment disposer de deux micros à condensateur. Voici deux exemples typiques de placement :

• Amenez les deux capsules cardioïdes à angle de 90 degrés (appelé couple X/Y) et placez le tout à la jonction entre le corps et le manche de l'instrument. Dans ce cas particulier, pour éviter toute erreur de disposition des deux micros, vous pouvez tout autant investir dans un modèle stéréo.

• Vous pouvez également positionner un premier micro dans la région de la rosace et dirigé vers la chanterelle (corde aiguë), et un second dans le premier tiers du manche, et orienté vers la corde du Mi grave, à la manière d'un couple A/B.

Dans les deux cas, le signal provenant des micros est routé directement par la carte audio si elle le permet, ou bien passe au préalable par une table de mixage. Au sein de GarageBand, dans la colonne *Infos de piste*, sélectionnez une entrée stéréo.

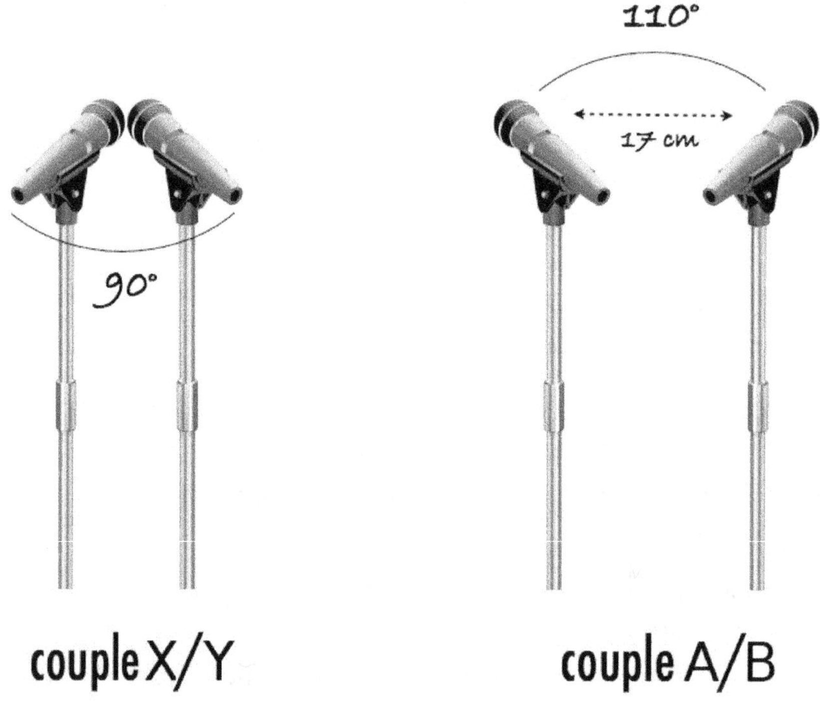

FIGURE 7-14

À SAVOIR **Couple X/Y versus couple A/B**

La prise de son avec deux micros s'effectue selon différentes techniques.

La première appelée couple X/Y, consiste à faire coïncider deux capsules cardioïdes sans qu'elles se touchent, le corps des deux micros dessinant un angle de 90 degrés. Avec cette méthode, le son obtenu est plus massif et l'image stéréo plus étroite.

Le couple A/B quant à lui, est formé de deux micros cardioïdes distants de 17 centimètres, et formant un angle de 110 degrés. Son avantage premier est de donner une bonne localisation des sons dans l'espace stéréo. En revanche, dans le cadre d'un mixage destiné à l'industrie musicale, la réduction mono peut poser quelques petits soucis. (Eh oui, il arrive encore que l'on écoute la musique sur le petit haut-parleur d'un poste de radio, voire sur celui d'un téléphone portable...).

La guitare et la basse électrique

Le plus simple est de raccorder l'un ou l'autre des instruments au boîtier audio, et d'enregistrer le tout directement dans GarageBand au travers d'une piste d'instrument réel ou de guitare électrique. Si votre guitariste dispose déjà d'un pédalier multi-effets et d'un amplificateur, il n'y a aucune raison de s'en priver, d'autant qu'il contribue à caractériser le style de jeu.

Vous pouvez relier, entre autres, la sortie du pédalier à une entrée stéréo de votre carte son, ou bien, effectuer une prise de son avec un micro à condensateur du type Oktava MK 219 ou Apex 435 (encore lui !), placé devant le pavillon de l'amplificateur.

Piano

Dans la pratique musicale amateur, le piano numérique a supplanté le piano droit ou le quart de queue. Aussi, il y a fort à parier que pendant toute la durée de confection de vos maquettes, vous ne serez jamais confronté à la prise de son d'un piano acoustique. La deuxième option nécessite le recours à des sons échantillonnés ou bien aux instruments virtuels de dernière génération.

Quoi qu'il en soit, si vous tentez l'aventure de la prise de son, voici ce que vous devez savoir. Dans le cas d'un piano droit, ouvrez-le de façon à ce que la table d'harmonie soit apparente. Optez pour un couple X/Y d'Apex 180 placé à équidistance entre la zone des graves et des aigus.

> À SAVOIR **le couple M/S**
>
> Employé parfois pour la prise de son de pianos à queue, le couple M/S (Mid-Side) est un choix particulièrement raffiné, mais délicat à mettre en œuvre. Le principe consiste à placer un premier micro cardioïde chargé d'enregistrer la partie centrale du signal sonore (Mid) pendant qu'un second micro bidirectionnel (superposé à la première capsule) capte les parties gauche et droite du son (Side). Ainsi, une fois le signal décodé (dématricé) le cumul des différents diagrammes polaires donne à entendre l'instrument en stéréo.

Claviers électriques et synthétiseurs

Branchez directement l'instrument dans le boîtier audio : si ce dernier propose un contrôle de la dynamique (compresseur/limiteur), mettez-le à contribution afin de palier d'éventuels pics.

La batterie

Pour accomplir la prise de son avec vos propres moyens, il vous faudra un micro électro-dynamique (Shure Beta 52A) dédié à la grosse caisse et un couple stéréo A/B composé de micros cardioïdes à condensateur (Apex 180 ou autres), placé en hauteur, dans l'axe central de la batterie. Plusieurs paramètres sont à prendre en compte, et donc, divers essais seront indispensables.

- Orientez les deux cardioïdes de manière à ce que l'ensemble du kit de batterie soit correctement couvert : toutes les percussions doivent être entendues.
- En fonction du caractère de la pièce, il faudra ajuster la hauteur des micros : au plus près du kit dans un endroit réverbérant, ou plus éloigné avec une acoustique sèche.
- Plus on descend le couple dans la batterie, plus l'image stéréo s'élargit.
- En fin de prise, laissez l'enregistrement se poursuivre pendant encore plusieurs secondes afin de ne pas couper brutalement les résonances.

Une table de mixage sera nécessaire pour router les signaux vers la carte audio. N'oubliez pas d'activer le métronome tout du long de l'enregistrement (menu *Contrôle > Métronome*) afin que le percussionniste dispose d'un tempo de référence.

En résumé

L'enregistrement a une double vocation. Il s'agit à la fois de développer votre composition musicale (de tester les arrangements) mais aussi de fixer l'œuvre de façon définitive.

chapitre

8

Le mixage

Après la composition et l'enregistrement de votre chanson, vient le temps du mixage, une étape cruciale qui va mettre à l'épreuve la qualité de vos arrangements ainsi que des prises de son.

Si l'exercice peut sembler facile au premier abord, ne vous y trompez pas : le mixage constitue la pierre angulaire de votre édifice sonore. Vous ne voudriez tout de même pas que l'on se méprenne sur vos intentions... Du Heavy Metal Industriel qui sonne comme un orchestre de bal musette ? Quelle horreur ! Pensez à vos futurs auditeurs. Ils ne devraient même pas remarquer que vous avez confectionné vos chansons dans votre chambre.

Le bon mix

Si cette étape reste longue et délicate, avec un peu de méthode et de patience, vous réussirez à obtenir le son tant souhaité. Aussi, ne négligez pas les conseils qui vont suivre. Ils sont importants, voire déterminants pour la suite de votre travail.

- Sans grande intervention de votre part, le morceau doit *sonner* correctement avec les pistes de base (batterie, basse, le clavier principal, la guitare rythmique et la voix), soit 8 à 16 pistes en tout. Au-delà de la seizieme, c'est du luxe !
- N'ajoutez pas de nouveaux instruments pour masquer des arrangements faibles ou une session d'enregistrement de mauvaise qualité.
- Gardez comme feuille de route, le plan du mixage (qu'il est impératif de coucher sur le papier). Et tenez bon jusqu'au bout !
- Soyez prêt à supprimer une piste en partie ou en totalité, si elle ne trouve pas sa place dans le mixage.
- Préparez-vous à recommencer à zéro si le résultat final n'est pas bon.
- En cas de détresse, faites appel à un ami musicien qui partage les mêmes goûts que vous, et laissez-le élaborer sa propre version du mixage.
- Utilisez un effet lorsqu'il s'avère utile pour une bonne compréhension musicale, ou pour des raisons esthétiques, mais en aucun cas pour pallier des erreurs de mixage.
- Mixez avec des enceintes adaptées. Évitez pour cela l'emploi du casque.
- Votre oreille s'habituant rapidement aux sonorités, pensez à prendre du repos à intervalle régulier. Cela vous permettra de garder intacte votre faculté de jugement.

Le bon mixage est celui qui permet d'entendre distinctement chacune des composantes de l'arrangement (le chant principal, les chœurs, et les différents accompagnements). Aussi, une règle s'impose : point trop n'en faut ! Tout élément superflu devra être éliminé sans autre forme de procès. Cette consigne, aussi cruelle soit-elle, vaut tout au long du processus de création.

> À RETENIR **La règle d'or du mixage (le dicton du jour)**
>
> Il faut être prêt à sacrifier ce qui vous plaît au profit de ce qui est utile au morceau.

Le mixage et ses quatre dimensions

Nous avons vu aux chapitres 4 et 5 que l'écriture musicale traditionnelle possède deux dimensions (horizontale et verticale) : l'une dévolue au chant, l'autre à l'accompagnement (le soutien harmonique). Le mixage avec GarageBand en impose quatre ! Rassurez-vous, tout cela n'est finalement pas très compliqué...

Le panoramique

Cette dimension représente la répartition des différents instruments dans l'espace stéréo (de gauche à droite). L'ajustement s'effectue à l'aide du potentiomètre rotatif de chaque piste.

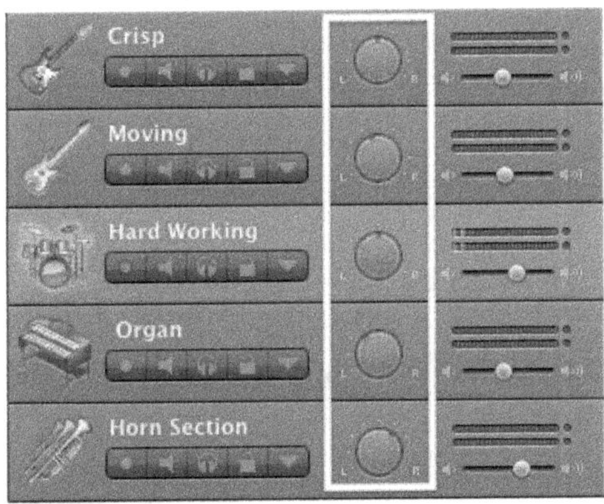

FIGURE 8-1 *À l'aide des boutons de panoramique de la section mixeur, vous effectuez la balance stéréo des différentes pistes.*

Il existe un cas particulier : l'effet de retard ou d'écho. S'il participe également à la latéralisation d'un son, selon les réglages effectués, il peut aussi agir sur la dimension spatiale du mixage !

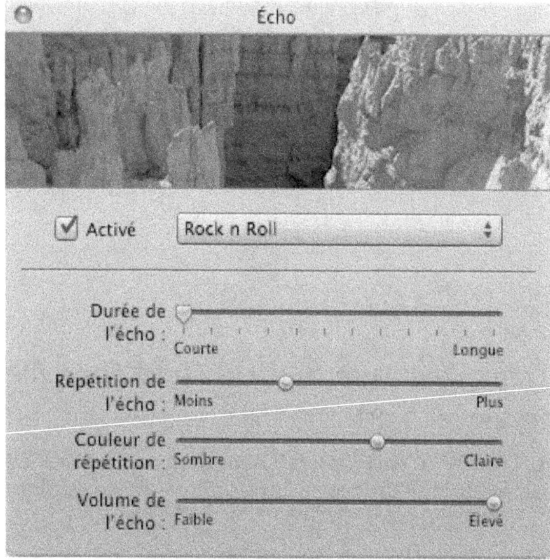

FIGURE 8-2   *La chambre d'écho de GarageBand*

Le spectre sonore

Ici, vous allez veiller à une juste répartition des sons graves, médiums et aigus au sein de l'enregistrement. Maintenir un équilibre constant est d'autant plus difficile qu'il n'existe pas de commande unique pour parvenir à vos fins. Les outils les plus utilisés sont l'égaliseur et le compresseur (dans une moindre mesure).

La spatialisation

Il s'agit de contrôler l'éloignement ou, a contrario, le rapprochement d'un élément audio dans le mixage. Le niveau du volume sonore et l'effet de réverbération constituent les deux paramètres essentiels pour parvenir à vos fins.

FIGURE 8–3 *Un exemple de placement tridimensionnel : la voix et les guitares sont au premier plan. Quant à la section rythmique, elle est reléguée à l'arrière-plan.*

La ligne temporelle

D'incessants changements s'opèrent tout au long de l'œuvre. Cette observation vaut pour tous les mixages élaborés. Il s'agira, par exemple, de mettre en valeur la voix ou un instrument en particulier à un endroit de la chanson, puis de le rendre discret le reste du temps.

Comme tous les autres séquenceurs du marché, GarageBand dispose d'un système d'automatisation du mixage. Ce dernier prend en compte non seulement les paramètres de volume et de panoramique, mais aussi ceux inhérents aux effets sonores (gain, seuil, fréquence de coupure...).

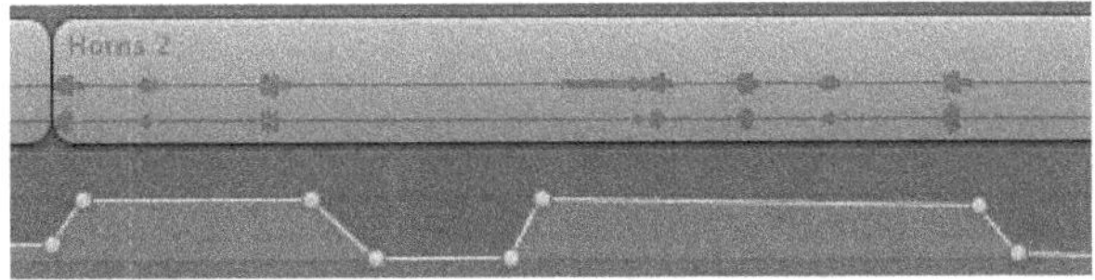

FIGURE 8–4 *Les courbes d'automatisation*

✍ L'automation

L'automatisation du mixage est appelée *automation*. Selon les logiciels, elle peut se faire à la volée ou par programmation à l'aide de courbes et de points d'ancrage. Dans le premier cas, les changements opérés en temps réel par l'utilisateur sont mémorisés automatiquement par le logiciel. C'est une imitation du fonctionnement des consoles de mixage modernes. Le second cas correspond à la procédure requise par GarageBand.

Préparatifs

Cette phase du travail n'est obligatoire que si les pistes ont été enregistrées de façon traditionnelle, avec microphones, amplificateurs, instruments traditionnels ou MIDI... Dans le cas d'un assemblage d'échantillons sonores (*samples* issus de CD-Rom ou provenant de la bibliothèque de Garage-Band), vous pouvez vous affranchir des conseils qui vont suivre.

Choisir la bonne prise

1 Commencez par écouter les différentes interprétations qui ont été enregistrées au sein d'une même piste, à l'aide du mode de lecture cyclique.

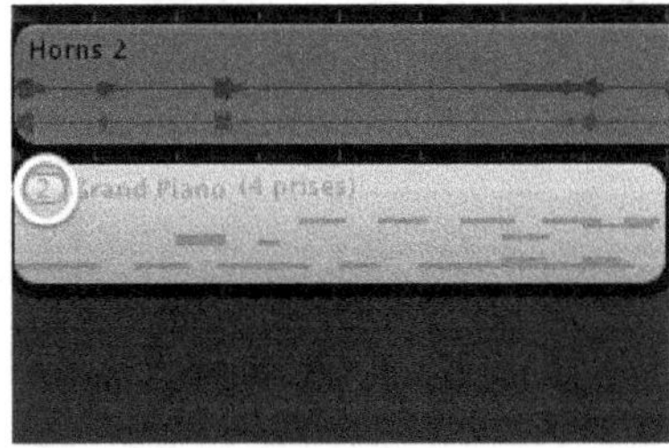

FIGURE 8-5 *Pour passer d'une prise à l'autre, cliquez sur la pastille située dans le coin supérieur gauche de la région audio. Un menu contextuel va apparaître.*

2 Sélectionnez la meilleure prise de son en fonction de critères artistiques, et non pas uniquement techniques ! Quelques légères imperfec-

tions ne justifient pas à elles seules la mise au rebut d'un enregistrement. Cependant, veillez toujours à la justesse émotionnelle et tonale des phrases musicales.

3 Supprimez les prises inutilisées. Cela réduit non seulement la taille du projet GarageBand, mais vous évitera également de jongler avec un trop grand nombre de possibilités. Aussi, au cas où votre mixage n'aboutirait à rien, il sera plus facile de déceler les vraies faiblesses, et donc, de trouver les solutions correspondantes.

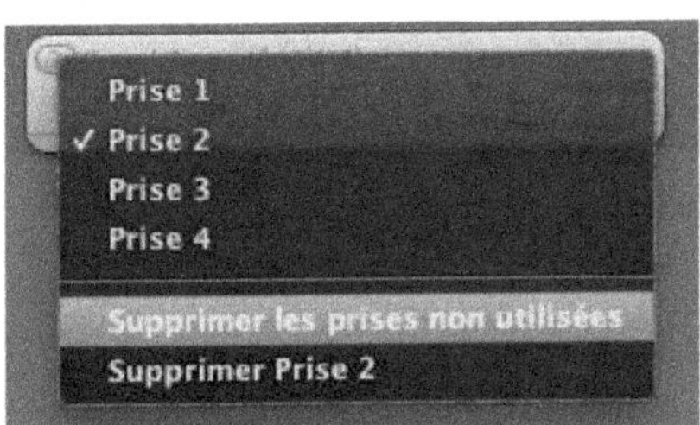

FIGURE 8-6 *Dans le menu contextuel, sélectionnez Supprimer les prises non utilisées.*

CONSEIL **Réduire l'éventail des possibles**

Réduisez le nombre de possibilités tout au long du processus de travail : de l'écriture jusqu'à la finalisation du projet. Effacez systématiquement ce qui n'est pas utile. C'est de cette manière que travaille, par exemple, le producteur anglais Brian Eno.

Convertir les pistes d'instrument logiciel et de guitare électrique

La conversion des pistes MIDI, dites d'instrument logiciel ainsi que de guitare électrique en pistes audio standard vous permet avant tout d'économiser de la puissance processeur. De même, lorsque vous employez des techniques de mixage avancées avec un recours massif aux effets internes ou externes, la procédure s'en trouve largement facilitée. Pour chacune des pistes concernées, voici la marche à suivre.

1 Activez la lecture solo de la piste.

2 Dans le menu *Partage*, sélectionnez *Exporter vers le disque*. Laissez l'option *Compresser* décochée, puis cliquez sur le bouton *Exportation*.

FIGURE 8-7   *Le bouton solo est représenté sous la forme d'un casque d'écoute.*

3   Nommez le fichier comme bon vous semble.

4   Réalisez la sauvegarde de préférence sur le Bureau de Mac OS X. Il sera ainsi plus facile de le retrouver, une fois la procédure achevée.

5   À présent, importez le fichier audio obtenu dans GarageBand. Pour cela, créez une nouvelle piste d'instrument réel (menu *Piste>Nouvelle piste>Instrument réel*).

6   Donnez à la nouvelle piste le nom de celle qu'elle remplace.

7   Depuis le Bureau de Mac OS X, glissez et déposez le fichier audio à l'intérieur de cette nouvelle piste. Le placement s'effectue à la première mesure du morceau.

8   Désactivez la piste d'instrument logiciel (icône en forme de casque). Verrouillez-la, à l'aide du cadenas.

9   Profitez-en pour faire le ménage sur le Bureau du Macintosh : placez à la corbeille le fichier audio préalablement exporté. Vous n'en aurez plus besoin, car GarageBand en a déjà réalisé une copie.

Organiser les pistes

Pour une meilleure représentation visuelle et mentale du mixage, il est préférable de regrouper les pistes par famille d'instruments, et de les ordonner par section. De bas en haut, vous trouverez :

- la batterie et/ou les percussions ;
- la basse électrique, électronique, ou la contrebasse ;
- les accompagnements primaires (guitares rythmiques et claviers) ;
- les accompagnements secondaires (cuivres, cordes, bois) ;
- les chœurs ;
- la ou les voix principales.

Le plan du mixage

Avant de procéder au mixage proprement dit, représentez-le par écrit sous la forme d'une esquisse en deux ou trois dimensions : chaque instrument, ou chaque timbre (dans le cas de la musique électronique) devra y figurer. Le dessin obtenu est une projection mentale provenant de l'idée originale de votre morceau : elle correspond un peu à une case d'un *story-board*. Bien sûr, à l'épreuve des faits (la qualité de la prise de son, les changements d'orchestration de dernière minute...), des adaptations seront à faire. Mais si votre travail a été cohérent jusqu'à cette étape, vous ne devriez pas avoir à changer beaucoup de choses. Seuls invariants : basses, grosse caisse et chant principal sont à placer au centre du paysage stéréo.

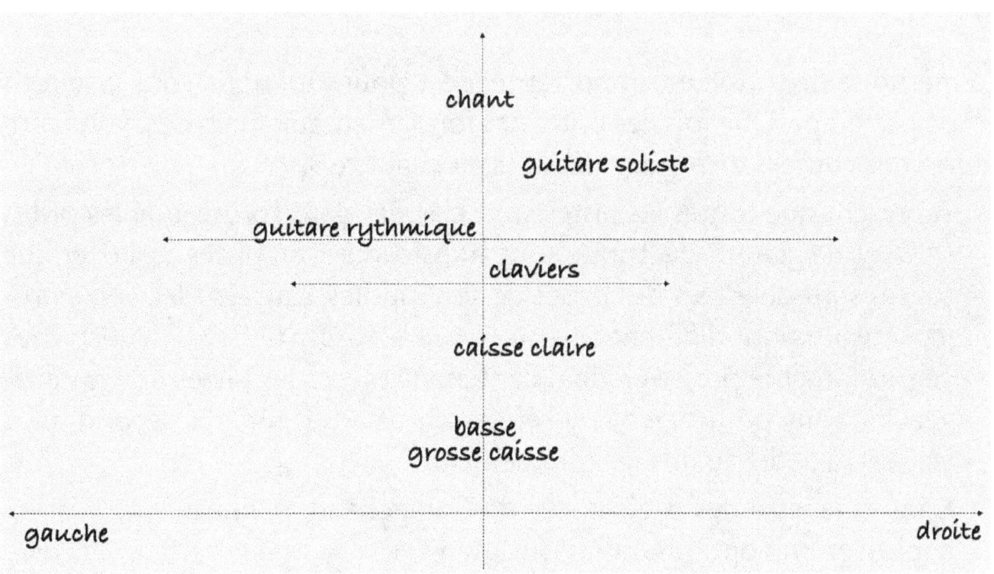

FIGURE 8-8 *Plan du mixage (les éléments essentiels de l'arrangement sont consignés à l'intérieur)*

À partir des éléments portés sur l'esquisse, vous obtenez instantanément les informations de :

- spatialisation (éloignement dans le mixage à l'aide de la réverbération notamment)
- latéralisation (situation dans l'espace stéréophonique : gauche, central, droit)
- répartition spectrale (du grave à l'aigu). De ce paramètre, vous déduisez donc l'énergie sonore dégagée par les instruments, et la pertinence de la prise de son et des arrangements.

> CAS PRATIQUE **Répartition spectrale**
>
> Une grosse caisse, une guitare basse et une prise vocale masculine riche en bas médium empêchent parfois d'autres instruments de se placer correctement au centre du mixage ! Dès lors, il faut sans doute songer à déporter la guitare rythmique, ou à alléger la main gauche du clavier...

Le mixage pas à pas

La méthode de travail est importante, c'est pourquoi nous vous la livrons étape par étape. Une fois ces principes fondamentaux maîtrisés, vous profiterez des conseils de mixage détaillés au chapitre 9.

1 À présent que toutes les pistes sont classées dans l'ordre, que les pistes MIDI et de guitare électrique sont transformées en pistes audio, et que toutes sont délestées des prises de son inutiles, sauvegardez votre projet sous un nom différent (menu *Fichier > Enregistrer sous*). Ainsi, vous gardez intact le projet original contenant toutes les pistes non aménagées et vous pourrez vous y référer en cas d'erreurs. Le second, plus léger, sera dédié au mixage uniquement.

2 Dans la fenêtre des préférences de GarageBand, panneau *Audio/MIDI*, choisissez une optimisation pour un *Nombre maximum de pistes simultanées*.

3 Dans le panneau *Avancées*, ajustez le nombre de pistes d'instrument logiciel sur *Automatique*. Si votre configuration matérielle le permet, augmentez le nombre d'instruments réels à 32 pistes. Laissez sur 16, le cas échéant.

4 Le curseur de volume de chaque piste est amené à 0 dB. Pour atteindre cette valeur instantanément, cliquez sur la réglette tout en maintenant enfoncée la touche *Alt* de votre clavier.

5 Le panoramique est amené en position centrale pour toutes les pistes. Rendez muettes toutes les pistes à l'aide du bouton idoine. Vous les activerez une par une à chacune des étapes suivantes.

FIGURE 8-9 *Le curseur de volume et le bouton de panoramique sont en position par défaut. Chaque piste est rendue muette.*

6 Nous avons vu qu'une bonne assise rythmique du morceau est la garantie d'un édifice sonore stable. Commencez donc par ajuster les pistes de batterie et de basse, sachant que les sons de grosse caisse et de guitare basse (ou contrebasse) sont placés au centre de l'espace stéréo.

7 Placez la voix principale au milieu.

8 Ajustez les niveaux sonores.

9 Ajoutez un à un les autres instruments en réglant les niveaux et en affinant le panoramique en fonction du plan que vous aviez préalablement établi.

10 Si le placement d'un instrument dans l'espace stéréophonique donne un résultat mal défini, cherchez un autre endroit où il pourrait être correctement perçu. Si nécessaire, faites de la place dans le spectre sonore en recourant à l'égaliseur. Si rien ne fonctionne, peut-être faut-il s'interroger quant au véritable intérêt de l'instrument au sein du mixage, et en dernier ressort, le supprimer purement et simplement.

11 Lorsque vous manquez de place, pensez à élargir la base du mixage (mur de guitares, nappes synthétiques, claviers, guitares rythmiques électro-acoustiques...) à l'aide d'un effet externe dédié.

EXEMPLE **Effet externe**

L'album *Back on the block* de Quincy Jones est la parfaite illustration de l'intérêt de l'élargissement de la base du mixage via un effet externe. Pour plus de précisions quant à cette technique, rendez-vous au chapitre suivant.

12 Ajoutez de la réverbération aux éléments que vous souhaitez éloigner dans le mixage.

13 À tout moment, surveillez la modulation générale à l'aide des voyants lumineux situés dans la barre d'outils : la couleur orange est tolérée à titre exceptionnel, mais le rouge est à proscrire !

FIGURE 8-10 *Attention au volume sonore : ne dépassez pas le seuil de l'orange !*

Si vous avez atteint ou dépassé le niveau fatidique de 0 dB, deux points lumineux rouges vous l'indiquent. Pour éteindre l'indicateur de dépassement, cliquez dessus.

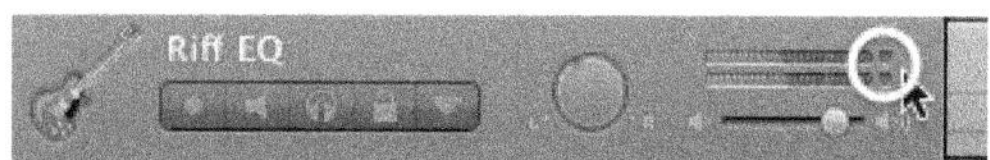

FIGURE 8-11 *Remise à zéro des voyants de dépassement de seuil*

Ajouter des effets

Chaque piste dispose de 6 inserts d'effets (colonne *Infos de pistes*, onglet *Édition*). Parmi ceux-ci, deux sont exclusivement dédiés à la compression et à l'égalisation, et ne peuvent donc être changés. Pour en ajouter un effet supplémentaire, déroulez l'un des 4 menus locaux placés dans chaque insert.

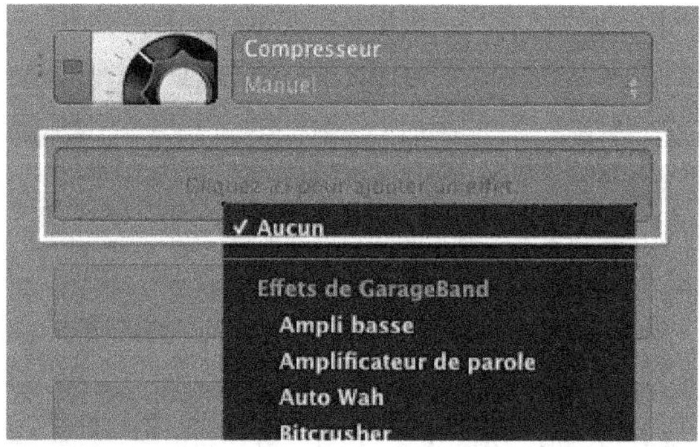

FIGURE 8-12 *Ajouter un effet supplémentaire*

Les effets peuvent être permutés à loisir, à l'aide de la poignée dédiée.

FIGURE 8-13 *Changer l'ordre d'enchaînement des effets*

Pour rendre un effet actif, appuyez sur le bouton paré d'un voyant. Celui-ci s'illumine alors en bleu. Pour accéder au panneau de réglage d'un effet, cliquez sur son icône.

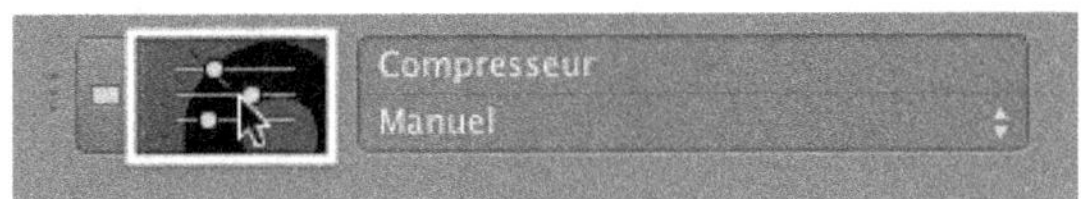

FIGURE 8-14 *Accès au panneau de réglage*

En contrebas, les effets de réverbération et d'écho sont communs à toutes les pistes de votre projet.

FIGURE 8-15 *Réverbération et écho*

Si ce principe de mutualisation des ressources économise le travail du processeur, dans le cas d'une réverbération partagée entre diverses pistes nécessitant un traitement différencié, il n'est pas rare d'aboutir à un brouillard sonore donnant de faux airs de musique des années 1980. Le réglage fin de ces deux effets s'opère dans la colonne *Infos de pistes* de la *Piste principale*.

> À SAVOIR **Lorsque la réverbération et l'écho deviennent inaccessibles**
>
> En rendant ces deux effets inactifs dans la piste principale, ils deviennent également indisponibles pour toutes les autres pistes de votre projet de mixage.

Les effets de la piste de guitare électrique

La piste de guitare électrique diffère dans sa présentation des pistes MIDI et audio. Elle vous offre 5 simulateurs d'amplis différents (émulant les fameux *Vox*, *Fender* et autres *Marshall*) ainsi qu'une collection de 10 pédales d'effets. Toutefois, seules 5 d'entre elles peuvent être chaînées simultanément.

Constituer son pédalier

Pour en profiter, explorez les différents pré-réglages accessibles via le menu local ❶ situé en haut de la colonne *Infos de piste*, ou cliquez sur le bouton *Édition* ❷, pour examiner en détail les effets proposés.

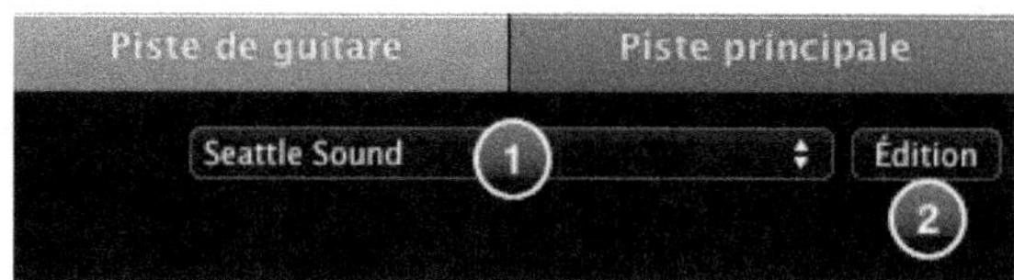

FIGURE 8–16 *La piste de guitare électrique*

En plaçant la souris au-dessus d'une pédale d'effet, vous faites apparaître une brève description relative à son emploi. Les permutations ou ajouts de pédales s'effectuent par simple glisser-déposer.

> ASTUCE **Retirer un effet du pédalier**
> Pour enlever un effet, glissez-le vers le bas de l'interface de GarageBand.

Une fois votre pédalier totalement constitué, appuyez sur le bouton *Terminé*. Cliquez alors sur l'icône d'un des effets pour accéder à son panneau de réglage. Le bouton métallique ❸ sert à activer ou désactiver l'effet.

FIGURE 8–17 *Le panneau de réglage*

Choisir son ampli

En cliquant sur l'amplificateur, vous pouvez procéder à de divers ajustements : égalisation, réverbération, effet tremolo...

Si vous cliquez de nouveau sur le bouton *Édition*, vous accédez à un panneau de contrôle plus détaillé, vous permettant de choisir l'entrée de la carte son ❹ pour l'enregistrement de la guitare. En prime, GarageBand vous autorise à insérer en complément n'importe quel effet au format Audio Unit ❺. Cliquez sur le bouton *Terminé* en haut de colonne, une fois les réglages effectués.

FIGURE 8–18 *Un panneau de contrôle plus détaillé*

Pour changer de modèle d'amplificateur, appuyez sur les flèches disposées de part et d'autre de celui-ci.

FIGURE 8–19 *Accès aux autres modèles d'amplificateurs*

Le tableau suivant regroupe par ordre d'apparition sur le pédalier, les différents effets dédiés à la guitare.

TABLEAU 8-1 **Récapitulatif des effets pour la piste de guitare électrique**

Désignation	Type d'effet
Phase Tripper	Phaser
Vintage Drive	Distorsion (pour solo de guitare)
Grinder	Distorsion lourde (pour riffs et rythmiques)
Fuzz	Distorsion légère
Retro Chorus	Chorus
Robo Flange	Flanger
The Vibe	Vibrato/Simulateur de cabine Leslie
Auto-Funk	Wha-wha
Blue Echo	Écho
Squash Compressor	Compresseur

Les effets incontournables

Parmi la quarantaine d'effets à votre disposition (hors piste de guitare), quelques-uns jouent un rôle décisif au moment du mixage : l'égaliseur paramétrique, le compresseur et la réverbération.

L'égaliseur

Ce type d'effet modifie la perception d'un timbre en favorisant ou en atténuant un endroit particulier du spectre sonore (du grave à l'aigu). Pour cela, vous disposez de quatre paramètres :

- la fréquence centrale autour de laquelle le filtrage va opérer ;
- la manière de filtrer (en cloche, en plateau) ;
- la largeur du spectre qui devra être égalisée (appelée *facteur Q*, ou *bande passante* dans la terminologie GarageBand, et exprimée en octave) ;
- l'intensité du filtrage (exprimée en décibel par octave).

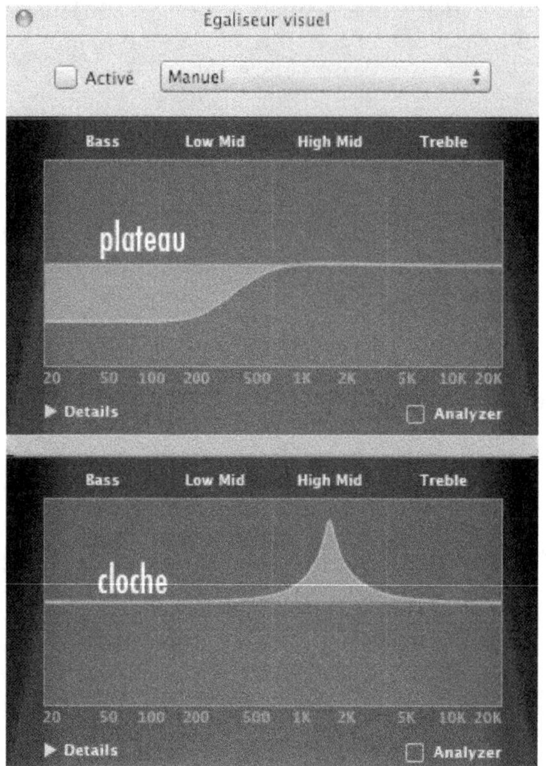

FIGURE 8-20 *Le filtrage en cloche est le mode le plus répandu parmi les égaliseurs de GarageBand. Celui en plateau est aussi dénommé shelf ou shelving EQ.*

Seul l'égaliseur paramétrique *AUFilter* vous propose la manipulation de tous ces paramètres. L'*Égaliseur visuel* situé par défaut en contrebas de la colonne *Infos de pistes* aurait pu constituer une alternative intéressante s'il était possible d'agir sur le *facteur Q*.

> COMPRENDRE **L'égaliseur semi-paramétrique et le facteur Q**
>
> Le facteur Q étant imposé, la pente d'égalisation du filtre en cloche s'avère encore trop large pour atténuer correctement les fréquences gênantes, et trop fine pour valoriser une généreuse portion de plage sonore. On nomme *semi-paramétrique* ce type d'égaliseur. Considérez-le comme outil d'appoint.

Le compresseur

La compression réduit la dynamique du signal en fonction du niveau sonore atteint. Son emploi est à la fois pratique et esthétique. Il permet de maîtriser pour une large part les écarts de volume d'un instrument, mais aussi de sculpter la matière sonore (à l'instar de l'égaliseur). Plusieurs paramètres sont à prendre en considération :

- Le seuil correspond au niveau sonore (exprimé en décibel) à partir duquel le compresseur entre en action. À 0 dB, il ne se passe rien, à -50 dB, le signal est écrasé.

- Le ratio indique la force avec laquelle le signal (situé au-dessus du seuil) est comprimé. Pour le mixage, privilégiez des rapports de 2:1 voire 4:1. Au-delà de 10:1, le compresseur agit comme un limiteur (plus aucun signal ne franchit le seuil) : le son est totalement nivelé (un peu dans le style du *Speed-Thrash-Death-Metal*).

- Exprimée en millisecondes, l'attaque indique le moment dans le temps où le compresseur se met en fonction. Plus ce moment est long, plus on préserve intact les premières impulsions sonores (nommées transitoires). Plus il est court, plus le son se comprime et s'épaissit.

- La réglette de gain permet de compenser, si besoin, la perte de volume sonore.

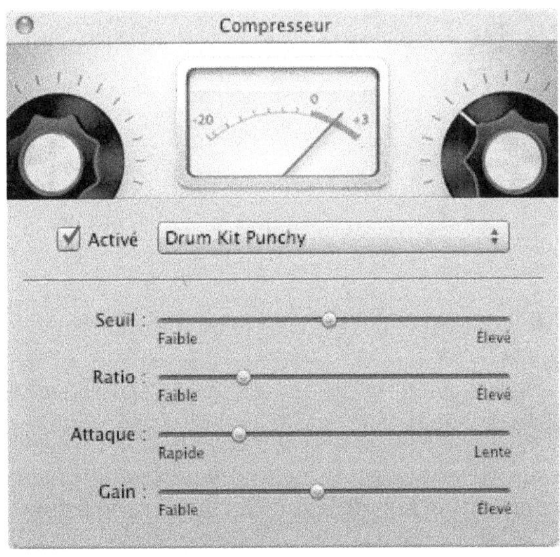

FIGURE 8–21 *Le compresseur est disponible par défaut dans la colonne Infos de piste.*

Idéalement, au moment du mixage, pensez à attribuer un même type de compression par groupes d'instruments, afin de souder l'édifice sonore par zone de cohérence (chœurs/nappes synthétiques, rythmiques acoustiques/électriques...).

La réverbération

La réverbération est la persistance d'un son dans une salle, après l'arrêt d'émission de la source sonore. Cet effet est employé principalement pour donner de la profondeur à un instrument, soit par simple souci esthétique (pour le Rock gothique ou la musique ambiante notamment), soit pour des raisons pratiques (éloignement d'un son dans le mixage). Les paramètres proposés par GarageBand sont peu nombreux.

- La durée de réverbération correspond à la taille de la pièce simulée.
- La couleur de réverbération s'attache à reproduire un environnement allant de mat (sombre) à brillant (clair).
- Le volume de réverbération permet de doser la présence de l'effet (le son *mouillé* ou *wet*, en anglais).
- Le volume d'origine correspond au niveau sonore du signal non réverbéré (le son *sec*, ou *dry*).

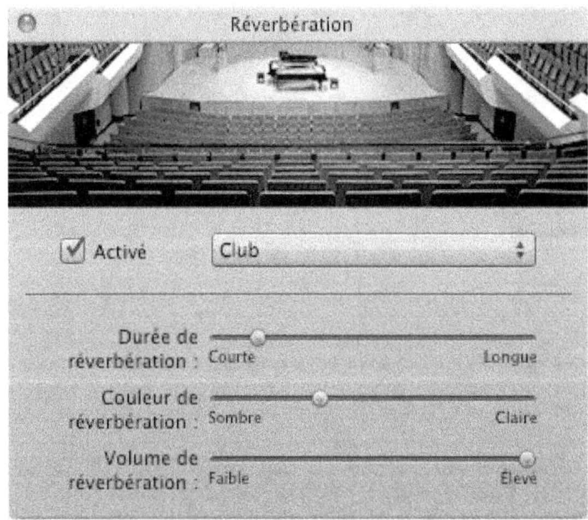

FIGURE 8–22 *Le module de réverbération (disponible par défaut dans la colonne Infos de piste > Piste principale)*

Plus complet, *AUMatrixReverb* autorise le contrôle du pré-retard (appelé également *pre-delay*), ce qui évite notamment d'obtenir des sonorités un peu trop floues.

Pour connaître l'ensemble des effets que GarageBand met à votre disposition, nous les avons consignés en annexe.

En résumé

Dans le cadre de la musique populaire, le mixage est une réinvention de la réalité acoustique d'un orchestre. Aussi, le recours aux effets est nécessaire pour des raisons artistiques (plier les timbres sonores à votre convenance), mais aussi techniques, pour réussir à replacer dans le panorama sonore tous les instruments (soit en atténuant les plages de fréquences jugées inutiles, soit en mettant en lumière celles concourant à l'équilibre de l'édifice).

Techniques de mixage avancées

Les effets internes de GarageBand ne permettent pas toujours d'arriver au résultat que vous avez en tête. C'est la raison pour laquelle nous vous présentons ici quelques perles rares qui ne grèveront pas (trop) votre budget. Vous découvrirez également une somme de conseils pour réussir votre mixage !

À l'image des autres séquenceurs, GarageBand peut voir sa panoplie d'effets renouvelée. Le choix de ces derniers est d'autant plus important qu'il conditionne la perception générale de la musique. Très usité dans la pop music, leur rôle n'est pas tant voué à des fins de recherches électro-acoustiques que de pallier des problèmes techniques, ou esthétiques. De ce point de vue, le mixage destiné à la musique enregistrée est le prolongement ultime de l'acte de composition et d'arrangement. À une époque où les techniques modernes du son n'avaient pas encore été inventées, Mozart, Beethoven ou Wagner ne pouvaient ordonner à un ingénieur de couper toutes les fréquences inférieures à 100 Hertz pour rendre un concerto, une sonate ou une symphonie moins *lourde* ! Tous trois se débrouillaient pour donner moins de travail à leurs bassons, contrebassons et autres contrebasses. De cela, il faut retenir que les techniques de mixage usant de toute la panoplie d'effets à votre disposition peuvent aujourd'hui masquer des arrangements faibles (dus à une mauvaise répartition des timbres, ou à des instruments jouant de front des lignes mélodiques inintelligibles). Aussi, pour obtenir un résultat supérieur à la moyenne, concentrez-vous d'abord sur la qualité de l'orchestration, en vous posant la question suivante « qui joue quoi et comment ? ». Puis, recourez aux effets et autres outils de contrôle acoustique pour donner du caractère à l'édifice sonore avant d'adapter l'ensemble aux contraintes de la diffusion (pour le téléphone portable, l'internet, le baladeur MP3, la chaîne stéréo de salon...). Accessoirement, vous pourrez en profiter pour donner un second niveau de lecture à votre morceau. La musique enregistrée n'est pas nécessairement la reproduction à l'identique d'une performance en *live* : elle constitue une œuvre originale et indépendante. Aussi, n'hésitez pas à expérimenter, à faire surgir des sonorités hors du commun et même à détourner les règles du langage musical et poétique !

Ajouter de nouveaux effets

Les effets supplémentaires, que l'on nomme plug-ins, se rangent soit dans le dossier `/Bibliothèque/Audio/Plug-Ins` de votre compte utilisateur, soit dans le répertoire jumeau situé à la racine de votre disque dur.

Format Audio Unit, MAS, VST, RTAS et TDM

Les produits Apple privilégient l'architecture maison qu'est Audio Unit. Aussi, tous les plug-ins de ce format seront non seulement compatibles avec GarageBand mais aussi avec Logic Audio. Digital Performer, de son côté, possède aussi son propre format de plug-ins nommé MAS (*MOTU Audio System*). Le format VST (*Virtual Studio Technology*) a été développé par Steinberg au milieu des années 1990 pour les besoins de la version 3 de son séquenceur Cubase. Enfin, les RTAS (*Real Time Audio Suite*) et TDM (*Time Division Multiplexing*) sont dévolus au logiciel Pro-Tools. Le premier utilise les ressources de l'ordinateur pour produire les effets en temps réels. Le second s'appuie sur une architecture matérielle propre à la marque. Loin d'être limitatifs, plug-ins et carte audio TDM sont aussi exploitables avec les séquenceurs Logic Audio ou Digital Performer.

Compatibilité Mac Intel et Universal Binary

Pour la version '09 de GarageBand, il est impératif de jeter votre dévolu sur des plug-ins Audio Unit compatibles Mac Intel ou arborant le logo bleu à deux tons *Universal Binary*.

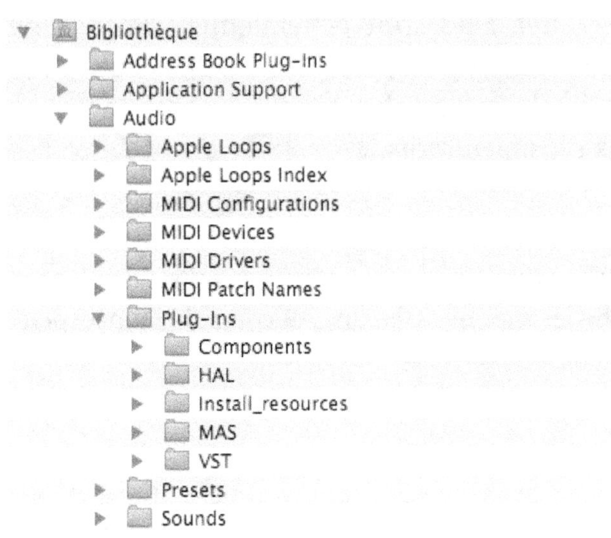

FIGURE 9–1 *Le dossier Bibliothèque/Audio/Plug-ins*

En matière d'effets, différentes architectures de programmation se côtoient (VST, RTAS, MAS, TDM...). C'est la raison pour laquelle il existe autant de sous-dossiers dédiés à leur rangement. GarageBand ne gère que le format natif d'Apple nommé Audio Unit. Les effets à ce format élisent domicile dans le répertoire `Components`. Leur installation se fait soit manuellement par simple glisser-déposer dans le dossier adéquat, soit, plus généralement, à l'aide d'un installateur automatique.

Sélection de plug-ins pour le Home Studio

La plupart du temps, la politique tarifaire des plug-ins audio s'avère élitiste. Estampillés de fait du label *pro*, leur prix s'échelonne de 250 € à plusieurs milliers d'euros — autant dire plus coûteux que les applications musicales qui sont censées les gérer. Cependant, en termes de qualité et d'utilité réelle, rares sont ceux qui peuvent se prétendre dignes d'un tel prix. Parmi les meilleurs, on retient notamment les Sony Oxford, Waves, Sonalksis, BombFactory, Focusrite et McDsp. Seuls les trois premiers sont compatibles avec GarageBand, les autres étant réservés à ProTools. Quant à ceux qui affichent une ardoise bien trop faible pour être pris au sérieux, ils sont relégués au rang d'outsiders. Pourtant, dans cette catégorie honnie, de nombreuses perles sont à dénicher. Elles sont généralement le fruit de petites sociétés spécialisées, ou bien de grandes marques distribuant des versions allégées de leur produit phare. Les plug-ins qui suivent sont présentés des plus importants aux plus facultatifs.

> ASTUCE **Des effets de renom à prix budget**
> Pour profiter d'effets prestigieux à un tarif relativement doux, parcourez sans relâche les sites des éditeurs. Au cours de l'année, pendant un temps limité, des rabais sont consentis.

FreeG

Il s'agit d'une tranche de console dépourvue de sa section d'égalisation. Comme GarageBand ne dispose pas en interne d'une vraie table de mixage, FreeG offre un curseur de volume précis assorti d'un *VU-mètre à LED*. Il se placera de préférence à la première place, dans la hiérarchie des effets.

Major Tom Compressor

Major Tom de Stillwell Audio, dont l'intitulé s'inspire des paroles d'une chanson de David Bowie (Life on Mars), est un excellent compresseur. Il tient tête à des produits bien plus onéreux. Il viendra épauler l'effet interne AUDynamicProcessor.

FIGURE 9–2 *Major Tom*

The Rocket

Autre compresseur signé StillWell Audio, The Rocket a pour principal avantage de disposer de paramètres d'attaque et de relâchement : il est particulièrement adapté au Rock pur et dur.

1973

1973 est un égaliseur paramétrique dont la couleur sonore s'inspire de la console de studio 1073 de marque Neve. À utiliser sur les percussions et la batterie principalement. Le son obtenu s'accorde parfaitement avec le Pop-Rock ou même le R'n'B ou le Rap. Pour reproduire la couleur de batterie de la chanson éponyme de James Blunt, employez le réglage *3-Mic Drums*.

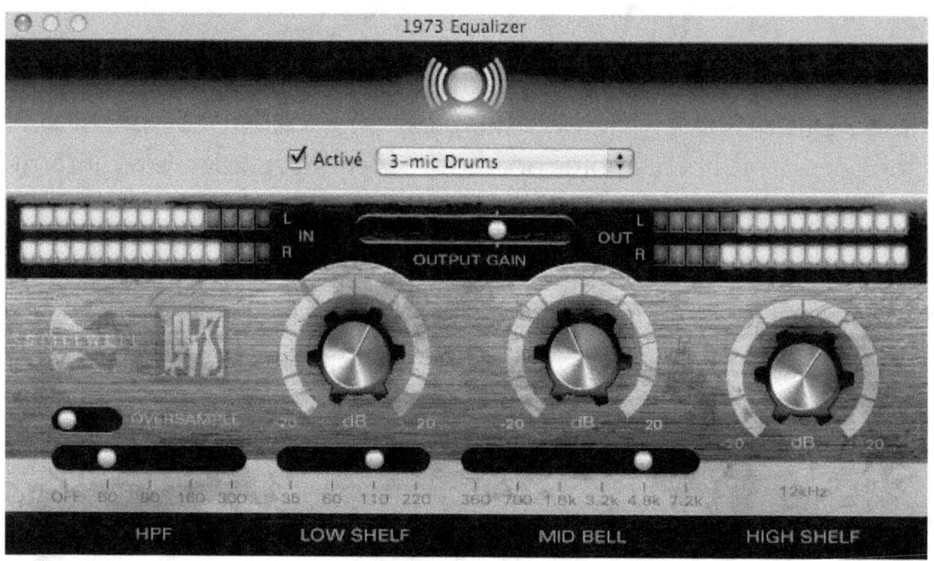

FIGURE 9-3   *1973*

PSP Neon

Très complet, et entièrement réglable (contrairement à l'égaliseur visuel de GarageBand), Neon est un égaliseur qui s'adapte à toutes les situations.

MPL-1 Pro SE

Il s'agit d'un limiteur de type *brickwall*. Il vous sera utile pour finaliser votre mixage, en contrôlant notamment avec une infinie précision son volume sonore. Cet effet est à placer dans la *Piste principale* de GarageBand.

Transient Monster

Transient Monster redonne du pep aux instruments de musique, en corrigeant les premiers instants de la propagation du son (les transitoires d'attaque). Cet artifice renforce la précision sonore, comme le ferait la fonction netteté de Photoshop sur une photographie. Pour cela, il suffit de tourner le bouton *Attack* vers la droite. *Sustain* prolonge artificiellement la durée des sons trop brefs ou jugés comme tels : un outil miracle pour les guitares basses, et autres contrebasses.

FIGURE 9–4   *MPL-1 Pro SE*

FIGURE 9–5   *Transient Monster*

Bittersweet 2 et StereoTool

Les deux plug-ins sont le fruit d'une société française basée à Orléans. Bittersweet est un outil travaillant sur les transitoires (un peu à la manière de Transient Monster). Mais il a la particularité d'agir à la fois sur l'ensemble du panorama (*Main*), sur la partie commune de l'espace stéréo (*Center*), ou uniquement sur les bords gauche et droit (*Stereo*). La molette centrale sert à accentuer les transitoires (*Bitter*) ou à les atténuer (*Sweet*). Il conviendra parfaitement aux instruments enregistrés en stéréo, que l'on souhaite extraire subtilement de la masse orchestrale.

Stereo Tool permet de vérifier la compatibilité monophonique de vos mixages. À l'ère du son surround, vous pensiez ces considérations dépassées ? Détrompez-vous ! L'unique haut-parleur de l'iPhone en est le meilleur exemple. Vous éviterez ainsi tous les cas de figure où la qualité de l'écoute en mono rime avec imprécision, et volume sonore amoindri. Le graphique vous aidera à accomplir cette tâche. Dans le strict cadre de GarageBand, le plug-in peut s'employer indifféremment sur une piste d'instrument ou sur la piste princi-pale. Si d'aventure, un élément du mixage était hors phase — et serait donc dif-ficilement entendu en mono, l'indicateur *Phase* se situerait alors entre 0 et -1 (sur la gauche) au lieu d'être sur la droite. Dans ce cas, la bévue est rattrapable en rétrécissant l'espace stéréo à l'aide des boutons *Left Pan* et *Right Pan*. Enfin Stereo Tool agit aussi comme un élargisseur stéréo (curseur *Width*).

Sindo

Édité par Crysonic, Sindo est également un élargisseur stéréo dont le résultat ne compromet pas la compatibilité monophonique de vos mixages.

Figure 9–6 *Sindo*

Inspector

Signé Roger Nichols Digital, Inspector regroupe tous les outils dont vous avez besoin pour évaluer le niveau sonore de votre mixage (volume moyen et ponctuel). Il est assorti d'un analyseur de spectre détaillé mais affiché dans une fenêtre de petite taille, qui ne facilite pas toujours sa lecture ! Néanmoins, il vous permettra de détecter d'éventuels déséquilibres spectraux, et ce, pour un rapport qualité-prix imbattable, puisqu'il est gratuit.

Figure 9–7   *Inspector*

Zimple-Gate et StormGate 1

Deux portes de bruits de bonne facture qui viendront en remplacement de celle intégrée à GarageBand. StormGate 1 est avant tout un outil créatif pour produire des effets spéciaux. Il trouvera sa place dans le Rock ou la musique électronique.

De facture plus classique, Zimple Gate coupe tout simplement le son d'une piste dès que le seuil programmé est atteint. Cela empêche ainsi tout signal parasite d'être entendu lorsqu'un musicien cesse de jouer.

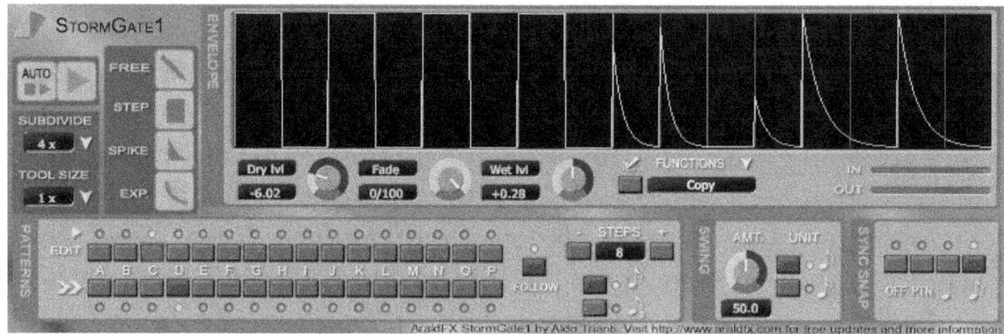

FIGURE 9-8   *StormGate 1*

ChannelStrip

GarageBand ne proposant qu'un nombre limité d'insert d'effets pour chaque piste, il peut s'avérer judicieux d'investir dans un multi-effet, véritable couteau suisse du traitement sonore. L'éditeur Metric Halo Labs propose Channel Strip en version spéciale, à un tarif plancher. Si les possibilités offertes ne diffèrent pas des autres versions plus coûteuses (compresseur, limiteur, porte de bruit, ligne de retard et égaliseur paramétrique six bandes), celui-ci est conçu pour n'être utilisé qu'avec GarageBand.

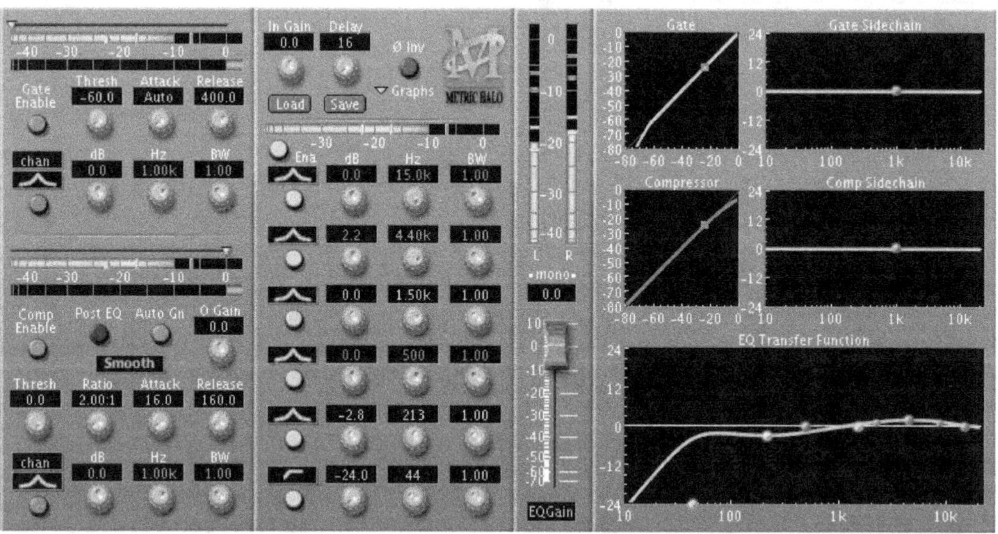

FIGURE 9-9   *ChannelStrip*

LFX 1310

Édité par Luxonix, LFX 1310 offre 24 types d'effets que l'on peut chaîner par séries de trois. Certains sont très classiques (réverbération, écho, chorus...) et d'autres complémentaires à GarageBand (autopan, gate reverb, stereo imager...). En revanche, les paramètres à disposition sont en nombre limité.

ColorTone Pro

Assez proche dans l'idée du plug-in AC-1 de McDSP pour ProTools, Color-Tone Pro émule le son des pré-amplificateurs (Focusrite) ou autres consoles de mixages célèbres (Neve, SSL...). Très prosaïquement, son rôle est de donner un peu plus d'épaisseur au son, voire de le colorer de façon subtile. Il est à placer de préférence sur la piste principale de GarageBand. Notez également qu'une déclinaison gratuite, mais aux fonctionnalités plus limitées est proposée par l'éditeur. Il nécessite l'installation du complément logiciel Pluggo disponible à l'adresse suivante : http://www.cycling74.com.

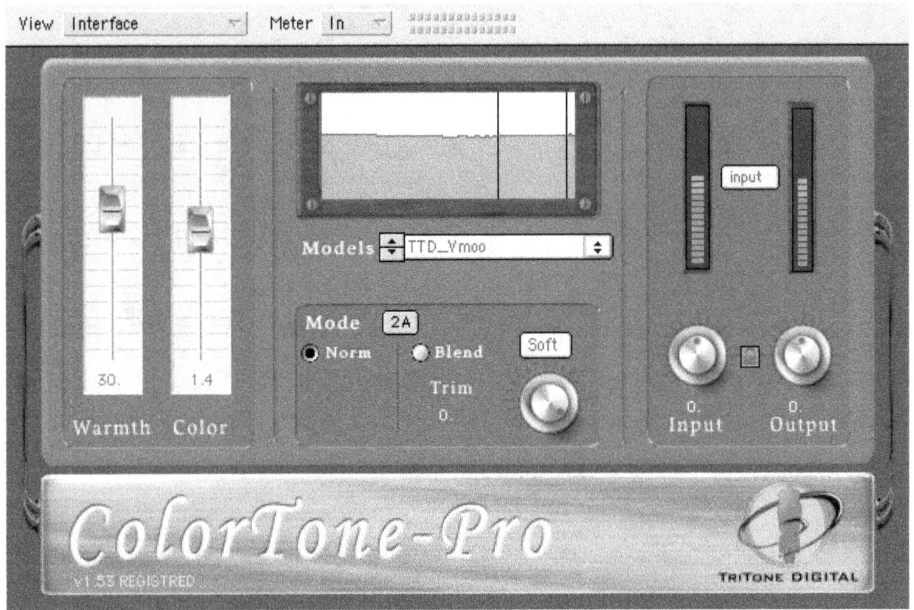

FIGURE 9–10 *ColorTone Pro*

Le tableau suivant récapitule les effets que nous venons de voir.

TABLEAU 9-1 **Récapitulatif des effets présentés**

Produit	Site de l'éditeur	Type d'effets	Prix
Major Tom Compressor	http://www.stillwellaudio.com/	Compresseur	35,00 €
The Rocket	http://www.stillwellaudio.com/	Compresseur	35,00 €
MPL-1 Pro SE (version 2)	http://www.kjaerhusaudio.com/mpl-1.php/	Limiteur de type mastering	84,50 €
1973	http://www.stillwellaudio.com/	Égaliseur	30,00 €
PSP Neon	http://www.pspaudioware.com/plugins/neon.html/	Égaliseur	149,00 €
Transiant Monster	http://www.stillwellaudio.com/	Régénérateur de transitoires	30,00 €
Bittersweet 2	http://www.fluxhome.com/	Élargisseur stéréo	Gratuit
StereoTool	http://www.fluxhome.com/	Élargisseur stéréo	Gratuit
Sindo V2	http://www.crysonic.com/	Élargisseur stéréo	45,00 €
Zimple Gate	http://www.piticule.com/plug-ins/zimple-gate.html/	Porte de bruit	Gratuit
StormGate 1	http://www.studiotoolz.net/stormgate1/	Porte de bruit	Gratuit
ChannelStrip (version GarageBand)	http://www.mhlabs.com/metric_halo/products/channelstrip/CSGB/	Multi effets	64,00 €
LFX 1310	http://www.luxonix.com/home/en/products.html?id=lfx1310/	Multi effets	Gratuit
ColorTone Pro	http://www.tritonedigital.com/product_info.php?cPath=23&products_id=32/	Simulateur de préamplificateur	104,00 €

TABLEAU 9-1 **Récapitulatif des effets présentés (suite)**

Produit	Site de l'éditeur	Type d'effets	Prix
ColorTone Free	http://www.tritonedigital.com/ product_info.php?cPath=25 &products_id=35/	Simulateur de préamplificateur	Gratuit
Inspector	http://www.rndigitallabs.com/ Plug-ins/Inspector/inspector.html/	Outil de contrôle	Gratuit
FreeG	http://www.sonalksis.com/ index.php?section_id=99/	Outil de contrôle – Tranche de console	Gratuit

Mixer à vue

Une maquette correctement mixée révèle votre musique tout en contraste et subtilité, sans temps mort et sans provoquer de fatigue auditive. Dans un studio d'enregistrement professionnel, l'ingénieur du son est avant tout un musicien qui a développé une approche scientifique de la musique. Lorsque vous pratiquez la musique avec une infinie régularité, les notes, les suites d'accords, les timbres et les couleurs sonores apparaissent comme des évidences : il n'est pas utile de disposer d'une partition, ou d'un guide technique, vous finissez par savoir précisément ce que vous entendez. Mais avant d'arriver à cette forme ultime de perception, il faut vous entraîner encore et encore. Et parfois pour bien mémoriser un son, il faut pouvoir le voir ! C'est la raison pour laquelle, nous vous recommandons l'emploi d'utilitaires comme l'analyseur de spectre, afin d'appréhender le mixage non seulement avec vos oreilles, mais aussi avec votre vue !

1 Placez sur l'unique insert disponible de la piste principale, le plug-in StereoTool (nommé *STTool*).

2 Tout au long du mixage, vérifiez la compatibilité monophonique de votre projet : l'indicateur de phase doit se mouvoir du centre vers la droite (entre 0 et +1).

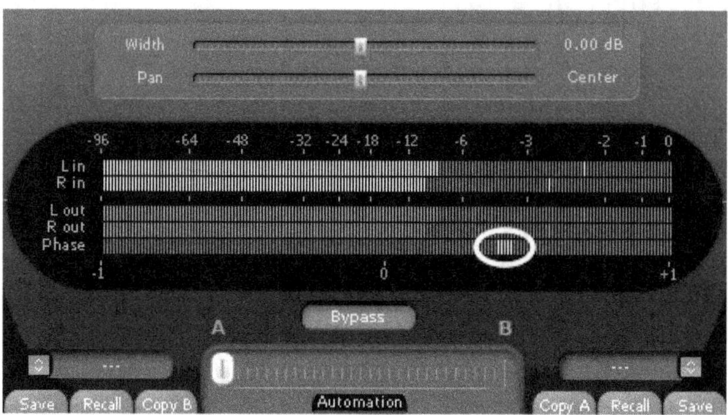

FIGURE 9–11 *Veillez à la compatibilité monophonique de vos enregistrements.*

3 À intervalle régulier, vous pouvez substituer à StereoTool le plug-in Inspector. Pour ce dernier, choisissez le pré-réglage nommé *default*. Il vous servira à contrôler le volume général de votre mixage ainsi que sa répartition spectrale.

4 Le niveau sonore moyen doit être contenu entre -18 dB et −15 dB, avec des pics allant jusqu'à -1,5 dB. Veillez également à ce que l'indicateur *Master Alarm* ❶ ne s'illumine jamais.

FIGURE 9–12 *Surveillez les niveaux sonores ainsi que la courbe générale des fréquences.*

5 Bien que d'une lecture difficile de par la petitesse de la zone d'affichage, l'analyseur de spectre ❷ vous donne une idée globale de votre mixage. Aussi, méfiez-vous des basses (entre 40 et 100 Hz) à la courbe (trop) généreuse, correspondant à un son lourd pouvant étouffer les arrangements. Même observation concernant toute remontée dans les aigus (au-delà de 10 kHz) signe d'une dégradation du signal ou bien d'une dureté inhabituelle dans le timbre de l'un des instruments (corde de guitare acoustique, cymbales...).

Contrôler le niveau sonore à la source

Si vous avez suivi scrupuleusement nos conseils au chapitre précédent, toutes les réglettes de volume sont en position initiale, affichant 0 dB. Avec l'astuce que nous allons vous livrer, vous ne devriez plus rencontrer le syndrome du mixage saturé.

> ASTUCE **Où se cache le volume master ?**
>
> La réglette de volume placée en contrebas de l'interface n'a pas pour vocation d'ajuster le niveau général du mixage (appelé aussi *volume master*). Son rôle se limite au contrôle de l'écoute (*monitoring*). Aussi, l'unique moyen d'agir sur le niveau sonore du mixage sans retoucher à l'équilibre des différentes pistes, est de demander l'affichage de la piste principale (menu *Piste > Afficher la piste principale*). Puis, abaissez la courbe de volume en conséquence, et ce, dès la première mesure du morceau.
>
> 
>
>
> FIGURE 9–13 *La courbe de volume de la piste principale*

1 Faites appel au plug-in FreeG que vous disposerez sur le premier insert de toutes les pistes de votre projet.

2 Appuyez sur le logo FreeG situé dans le coin supérieur gauche de l'interface.

3 Dans le panneau de configuration qui apparaît, optez pour une loi de répartition stéréo de -3 dB.

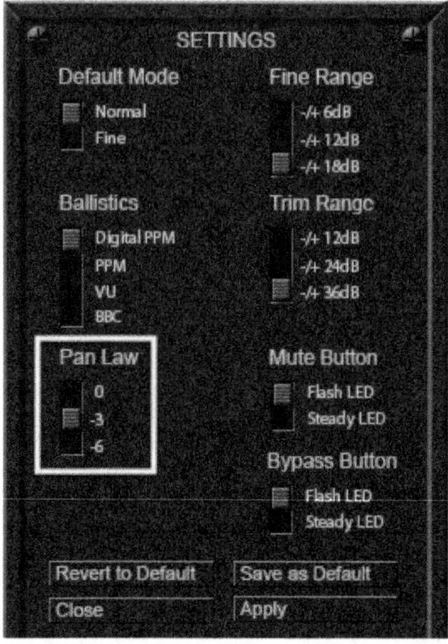

FIGURE 9–14 *Panneau de configuration du plug-in FreeG*

À SAVOIR **La loi de répartition stéréo**

Les sons placés au centre sonnent plus fort que ceux déportés sur les flancs gauche et droit du panorama stéréo. Pour contrecarrer cet effet, adoptez une répartition de la puissance des sons tenant compte de leur situation spatiale : elle est nommée *loi de répartition stéréo*. Le réglage que nous vous recommandons d'appliquer est de -3 dB au centre.

4 Cliquez successivement sur les boutons *Save as Default*, puis *Apply*.

5 À l'aide du potentiomètre linéaire, ajustez le volume sonore de la piste.

6 Recommencez toutes ces étapes pour chaque piste de votre projet.

7 Respectez l'ordre de mise en place déjà donné précédemment : d'abord la batterie, la basse puis le chant. Ensuite, amenez peu à peu les instruments d'accompagnement (guitares et claviers). Terminez par les ornements divers (section de cordes ou tout autre instrument intervenant ponctuellement dans l'arrangement).

Égaliser avec discernement

> **À RETENIR** **L'enjeu de l'égalisation**
>
> Rappelons certaines notions sur l'égalisation que nous avons vues au chapitre précédent. Vous recourez à l'égalisation pour deux raisons principales : à la fois pour permettre à un instrument de s'intégrer dans le mixage, mais aussi à des fins esthétiques. Afin de simplifier la perception du travail d'égalisation, nous avons découpé le spectre sonore en 4 zones à surveiller systématiquement :
>
> - Les basses : mal sculptées, elles rendent l'orchestration lourde.
> - Le bas médium : entre 200 et 500 Hertz s'accumule l'énergie de presque tous les instruments que compte l'arrangement. Pour éviter un mixage terne ou confus, procédez à des ajustements ciblés instrument par instrument. En outre, une sur-accentuation des fréquences allant de 500 jusqu'à 2 000 Hertz produit un son nasal.
> - Le haut médium : de 2 000 à 4 000 Hertz, c'est à cet endroit que réside l'intelligibilité des voix.
> - Les aigus : pour donner un peu de clarté, procédez à une légère accentuation autour de 8 kHz. Afin d'éviter toute dureté, la courbe générale de fréquence allant de 12 à 20 kHz doit s'atténuer progressivement, et de façon naturelle.

Avant d'égaliser, procédez à une juste répartition des instruments dans le panorama, cela vous évitera parfois d'intervenir inutilement. Écoutez ensuite attentivement le mixage brut, n'hésitez pas à basculer la piste en mode solo pour entendre le son d'un instrument en particulier. Pour que votre esprit fixe de façon visuelle les caractéristiques d'une piste en particulier, utilisez l'analyseur de spectre du plug-in Inspector. Couchez sur le papier — au bas de l'esquisse de votre plan de mixage — les défauts observés.

1 Employez l'égaliseur en deux temps : d'abord pour faire de la place dans le mixage, ensuite pour valoriser (si nécessaire) des fréquences à un autre endroit du spectre.

2 Plus vous accentuez des fréquences basses ou très basses, plus la retouche doit être chirurgicale : la pente d'égalisation doit donc être étroite (un facteur Q à valeur élevée).

Surveiller les fréquences basses

L'équilibre d'un mixage tient à peu de choses. Plus votre arrangement est fourni, plus il est nécessaire de surveiller l'énergie qui s'accumule dans les bas médiums et les basses. Pour cela, du fait du nombre restreint d'inserts sur chaque piste de GarageBand, vous n'avez pas beaucoup de marge de manœuvre. De préférence, recourez à un égaliseur paramétrique complet et polyvalent (AUFilter, la section d'égalisation de ChannelStrip ou PSP Neon), qui vous rendra d'autres services au court du mixage. Si vos besoins en plug-ins par piste restent très modestes, vous pouvez employer un filtre spécialisé de type AUHiPass.

Le travail de rééquilibrage des basses et infra-basses s'opère selon un schéma qu'il convient d'adapter à l'œuvre musicale sur laquelle vous travaillez : il n'existe malheureusement pas de recettes miracles !

ATTENTION **Les basses au centre**

Comme nous l'avons déjà souligné au chapitre précédent, la basse et la grosse caisse sont placées au centre du mixage, car les fréquences graves contiennent beaucoup d'énergie et jouent donc un rôle capital dans l'équilibre du mixage final. Les déporter sur un flanc ou l'autre de l'espace stéréo entraînerait un déséquilibre sonore pour le moins artificiel, les fréquences basses étant omnidirectionnelles.

Travailler sur les harmoniques

Lorsque vous égalisez le son d'un instrument, tenez compte de la tonalité générale du morceau, du moins sa tonique (la première note d'une gamme). Ou bien, si vous devez agir à un endroit précis, faites-le en fonction de la note fondamentale de l'accord utilisé. Pour vous aider à vous y retrouver, un tableau de correspondance entre les notes et leur fréquence (exprimée en Hertz) est joint dans l'annexe de cet ouvrage. Dès lors, les stratégies de mixages sont les suivantes.

- Favorisez avant tout les fréquences harmoniques plutôt que la fréquence fondamentale.

- Vous pouvez aussi en profiter pour atténuer la fréquence fondamentale. C'est une technique très souvent utilisée dans le Rock. Dans ce type de mixage, les fréquences mises en valeur pour la basse électrique, par exemple, se situent entre 130 et 220 Hz — soit une octave au-dessus de la note fondamentale.

- A contrario, vous pouvez enfreindre la règle si l'instrument manque de définition, ou de punch, mais attention, ce cas doit rester exceptionnel !

Les harmoniques

Chaque note jouée par un instrument de musique se compose d'une superposition de sons élémentaires nommés harmoniques. Leurs fréquences sont des multiples de la fréquence fondamentale. Admettons que l'on joue un sol grave, d'une fréquence de 98 Hertz.

- L'harmonique de rang 2 sera de 196 Hz (soit le sol placé à l'octave supérieure).
- L'harmonique de rang 3 aura pour valeur 294 Hz (approchant la note ré).
- L'harmonique de rang 4 se situera à une hauteur de 392 Hz (soit le sol placé deux octaves plus haut) et ainsi de suite...

Jouer la complémentarité

L'égalisation s'effectue aussi de manière complémentaire : retranchez une fréquence à un instrument pour permettre à un autre de mieux s'exprimer. Si l'on prend comme exemple la basse et la grosse caisse, en favorisant cette dernière autour de 80 Hz, vous creusez la basse à cette même fréquence, afin de créer une complémentarité spectrale entre les deux instruments.

Astuce Une bonne orchestration est la solution à de nombreux problèmes

Afin d'éviter que le son d'un instrument vienne masquer celui d'un autre, ne faites pas jouer deux musiciens dans une même gamme de fréquence ! En effet, la main gauche d'un clavier et la basse électrique peuvent se confronter de manière inutile. Plutôt que de recourir à l'égaliseur au mixage, vous pouvez repenser les arrangements pour l'un et l'autre des instrumentistes.

La chasse aux fréquences indésirables

La sonorité globale du mixage ne doit pas être fatigante. Plusieurs causes peuvent produire pareil effet. Le déséquilibre spectral en est un : trop peu de basses avec des aigus brillants voire incisifs, ou bien des médium graves ayant des résonances désagréables. C'est à ce dernier cas que nous allons nous attaquer à présent.

1 À l'aide d'un égaliseur paramétrique, augmentez la courbe à son seuil maximum, puis recherchez la fréquence pivot. Elle se manifeste par une sonorité peu agréable.

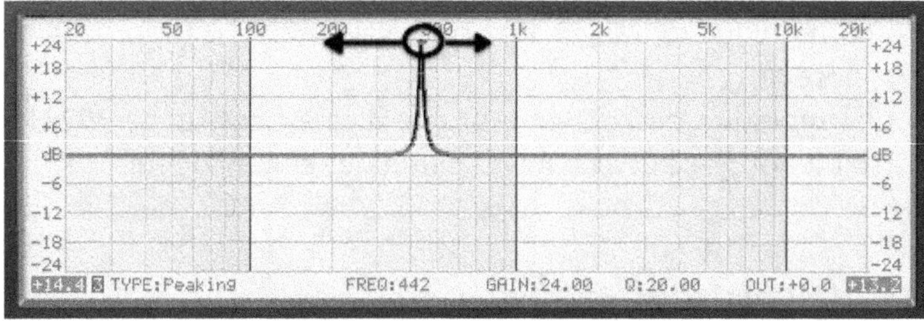

FIGURE 9–15 *À la recherche des résonances gênantes*

2 Il ne vous reste plus alors qu'à atténuer ou couper la fréquence indésirable à l'aide d'un filtre en cloche à pente étroite.

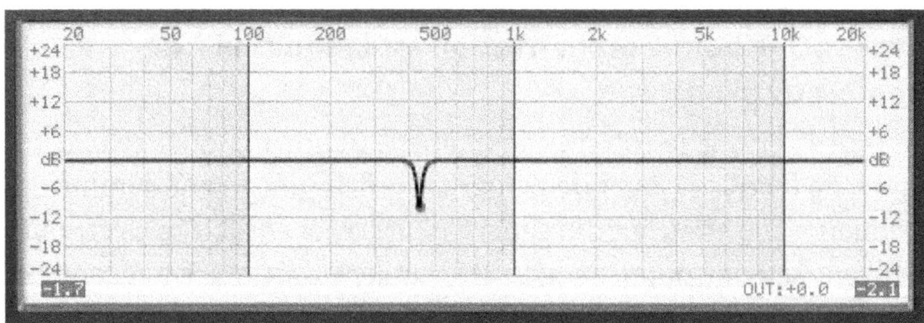

FIGURE 9–16

En résumé, trois choses importantes sont à prendre en compte. Tout d'abord, vous ne pouvez pas ajouter ou retrancher une fréquence sans bouleverser l'équilibre général du mixage. C'est *l'effet papillon* ! Ensuite, tous les égaliseurs n'ont pas le même comportement : le son obtenu varie en fonction de leur conception. Enfin, pour une égalisation naturelle et musicale, sauf cas particulier, pensez à atténuer sur une plage étroite de fréquences (facteur Q=1,4), et à accentuer sur une large bande de fréquences (facteur Q=0,7).

Recourir au compresseur

Afin de maintenir en cohérence un mixage, employez un compresseur avec un ratio de 2:1. Ce paramètre détermine la force de la compression.

Gardez le même ratio pour les voix intimistes, les guitares et nappes synthétiques. Montez à un ratio 3:1 pour la plupart des chanteurs, les prises de guitare électro-acoustiques, et à 4:1 pour toute la section rythmique (percussions/batterie et basse). Un ratio de 8:1 et au-delà peut être mis à profit pour modifier la perception de la batterie ou de la guitare dans des styles de musique allant du Heavy Metal à la Techno.

N'oubliez pas que plus le seuil de compression (threshold) est proche de 0 dB, plus la compression est discrète et n'opère que de façon ponctuelle. Aussi la valeur de seuil est à déterminer en fonction du niveau de crête de la piste. Pour en prendre connaissance, lisez les valeurs *peak* données par le plug-in FreeG (normalement inséré sur chaque piste), puis, amenez le seuil au-dessous de la valeur relevée, de façon plus ou moins prononcée selon l'effet voulu.

> **Que sont les transitoires ?**
> Les transitoires correspondent aux premiers instants de la propagation du son.

Plus le temps d'attaque est long, plus les transitoires sont mises en relief. Procédez de la sorte pour donner plus de mordant à la caisse claire, aux percussions, aux guitares rythmiques électro-acoustiques, ou électriques en son clair (de type Stratocaster, Telecaster voire Rickenbacker 330).

Certains plug-ins de compression (AUDynamicProcesssor, ChannelStrip ou The Rocket) offrent un contrôle du paramètre de relâchement (*Release*). Plus ce dernier est court, plus le son d'ambiance se fait entendre — ce qui peut être intéressant pour des styles Pop-Rock, Folk, Jazz...

À la jonction entre le signal comprimé et le son original (au point de seuil, donc), la courbe de compression (*knee*) peut être ajustée. Dès lors, elle peut afficher une pente dure (*hard knee*) ou douce (*soft knee*). Recourez à un mode de compression *soft knee* pour consolider un mixage, et *hard knee* pour donner du punch à des percussions.

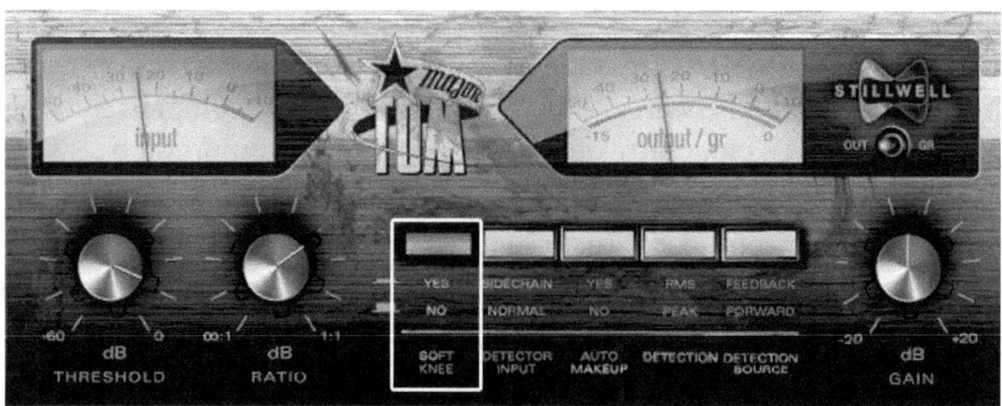

FIGURE 9-17 *Le compresseur Major Tom dispose d'un bouton autorisant le passage d'une courbe de compression à une autre.*

Pour donner plus de tenue au son d'une guitare basse, maintenez un seuil très bas. Optez pour un paramètre d'attaque long, et un temps de relâchement court. Si nécessaire, relevez le volume de sortie du plug-in afin de compenser l'effet du compresseur.

Obtenir le son d'une caisse claire dans le style du producteur Andy Wallace s'effectue en montant le temps d'attaque jusqu'à 3 ms (ou à 5 ms si le compresseur utilisé vous y autorise).

Employez une attaque longue et un relâchement long pour donner un peu plus de mordant à une partie vocale. Pour un résultat plus naturel, ne compressez que les passages les plus forts à un taux de compression allant de 2:1 à 3:1.

Élargir la base du mixage

Dans un arrangement fourni, les instruments placés au fond du mixage (orgue Hammond, piano électrique type Wurlitzer ou Fender Rhodes, les

nappes synthétiques, cordes ou guitares rythmiques électro-acoustiques...)
peuvent bénéficier d'un placement panoramique marqué si leur intervention est ponctuelle. Dans le cas d'un accord tenu, ou d'une phrase musicale
répétitive, tout au long d'un morceau, osez l'élargissement stéréo. Les instruments se déportant à la périphérie du mixage, vous gagnez de la place
au centre. Le revers de la médaille est que beaucoup de plug-ins de type
stereo enhancer ou *stereo imager* rendent le signal incompatible mono.
Sindo V2 de l'éditeur CrySonic s'avère une alternative intéressante. Voici
une recette simple et rapide à appliquer sur un mur de guitares rythmiques ou un orgue électrique.

1 Ajustez la molette *Stereo Width* à 1,61 pour élargir la stéréo.

2 Montez la valeur *HiGain Trim* à 1,97 afin de favoriser les fréquences
aiguës.

3 Vérifiez à l'aide du plug-in StereoTool inséré sur la piste principale que
le résultat obtenu est toujours compatible mono. Dans le cas contraire,
réduisez quelque peu la valeur *Stereo Width*.

La batterie est la somme de plusieurs instruments

Selon les styles de musique, la batterie est abordée comme un seul et même
instrument (Rock indépendant, certains courants du Hard Rock), ou bien
comme une multitude de percussions, nécessitant pour chacune d'elles un
traitement différencié. C'est ce dernier cas que nous abordons à présent.

En Home Studio, lorsque vous programmez vous-même votre piste de batterie, prenez soin de placer la grosse caisse, la caisse claire, les toms puis les
cymbales sur des pistes séparées. Le manque de précision du son général de
la batterie est bien souvent dû à l'utilisation d'une réverbération ou d'une
compression inadaptée et placée à l'identique sur chaque percussion.

Réverbérer différemment

Comme nous l'avons déjà écrit à de nombreuses reprises, n'abusez pas trop
de l'effet de réverbération, vous aboutiriez alors à un mixage lourd, où le
positionnement des instruments risque d'être mal défini.

GarageBand ne disposant pas de certaines fonctions (comme des départs effets entièrement réglables, ou de pistes de mixage intermédiaires — appelées également *sous-groupes*), votre stratégie de travail s'articule donc autour des trois points suivants.

- Toutes les pistes ne nécessitent pas un tel traitement.

- Pour donner une couleur sonore identique à un ensemble d'instruments, recourez à la réverbération placée sur la piste principale. Puis pour chaque piste concernée, dosez la puissance de l'effet à l'aide de la réglette *Réverbération de la piste* située au bas de la colonne *Infos de pistes*.

- Pour un traitement différencié (des voix, des différents éléments de batterie, voire d'une guitare solo), utilisez un plug-in de réverbération en insertion sur les pistes concernées. Affinez la puissance du signal *mouillé* et *sec* sur le panneau de réglage de l'effet concerné.

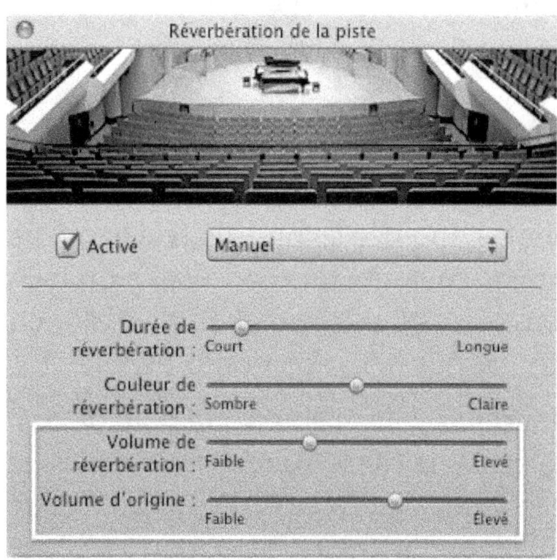

FIGURE 9–18 *Le signal original et celui réverbéré s'ajustent à l'aide de deux réglettes différentes. Toutefois, ce n'est pas le cas de tous les plug-ins (à l'instar de AUMatrixReverb, qui lui, dispose d'une seule commande nommée Mixage sec/mouillé).*

L'automation

Pour faciliter votre travail de mixage, recourez à l'automatisation des réglages de GarageBand, notamment des niveaux de volume et de panoramique, mais aussi des effets utilisés.

1 Pour dévoiler les courbes d'automation, cliquez sur le triangle à gauche du potentiomètre de panoramique dans l'en-tête de la piste.

FIGURE 9-19 *Ce bouton dévoile la section d'automation.*

2 Dans le menu local, choisissez le paramètre à contrôler (*Volume de piste* ou *Panoramique de la piste*).

3 Appuyez sur le voyant rectangulaire placé sur la gauche pour activer la courbe d'*automation*.

4 En cliquant à différents endroits de la courbe, ajoutez des points de contrôle.

> EN PRATIQUE **Sélectionner tous les points de contrôle**
>
> La sélection de tous les points de contrôle s'effectue en cliquant dans la partie inférieure de l'en-tête de piste.

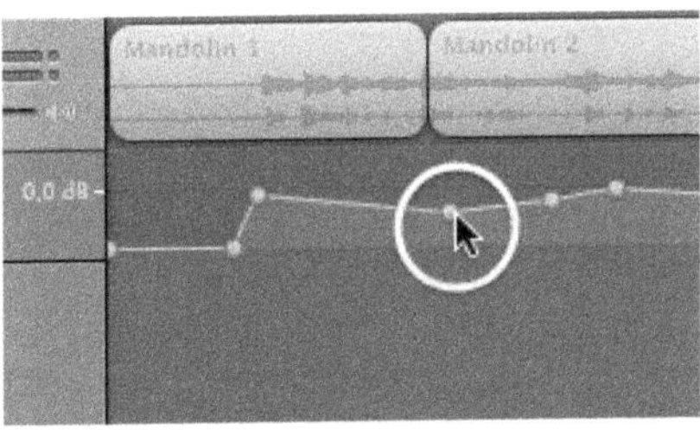

FIGURE 9-20 *Chaque point de contrôle peut être déplacé latéralement afin d'affiner sa position dans le mixage.*

5 Il vous suffit alors de les déplacer vers le haut ou vers le bas pour obtenir la valeur désirée.

Effacer un point de contrôle

Pour effacer un point de contrôle, sélectionnez-le, puis appuyez sur la touche d'effacement (ou *Backspace*) de votre clavier.

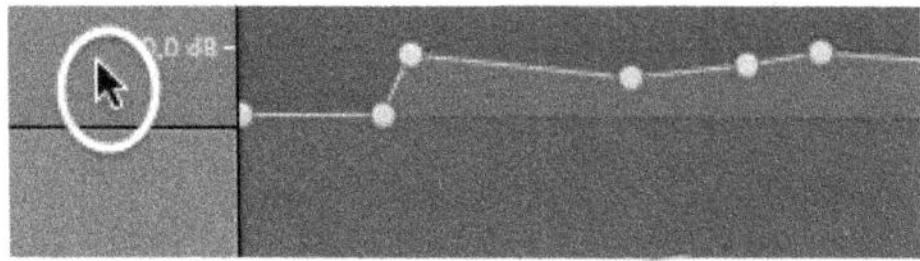

FIGURE 9–21 *Cliquez précisément dans l'espace compris entre le menu local et l'indicateur 0,0 dB.*

6 Pour contrôler les paramètres d'effet, déroulez le menu local situé dans l'en-tête de piste, puis sélectionnez cette fois l'item *Ajouter automatisation*.

7 Sélectionnez tous les paramètres que vous souhaiteriez automatiser, et cliquez sur le bouton *OK*.

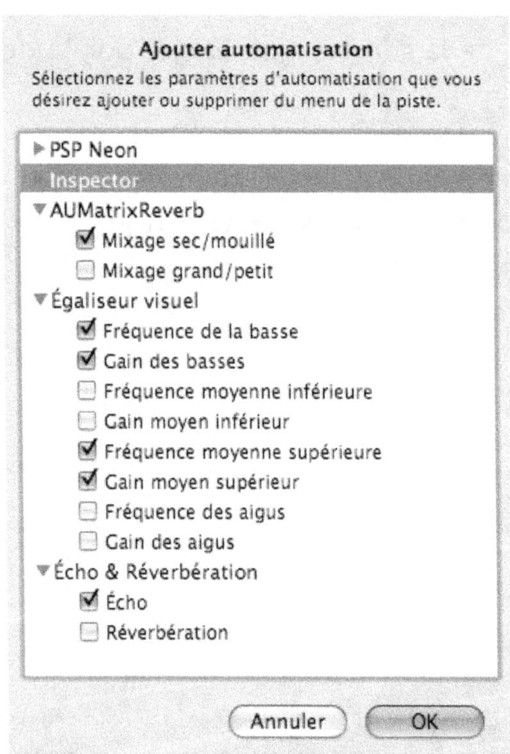

FIGURE 9–22 *Les paramètres pouvant être automatisés varient en fonction des effets.*

8 Dans le menu local (de l'en-tête de piste), choisissez la courbe à afficher, puis procédez, comme précédemment, au placement des points de contrôle.

> Astuce **Verrouillez les courbes d'automation aux régions**
>
> Par défaut, les courbes d'automation ne sont pas liées aux régions MIDI et audio. De ce fait, la permutation fréquente des boucles au sein de la séquence vous obligera à ajuster en permanence les points de contrôle ! Aussi, pour éviter pareil cauchemar, pensez à verrouiller les courbes d'automatisation aux régions. Pour ce faire, rendez-vous dans le menu *Contrôle*.

Grâce à cette fonction fort pratique, vous êtes en mesure de contrôler les écarts de volume sonore d'un instrument ou provenant de la voix d'un chanteur ou d'une chanteuse, vous déclenchez au moment opportun un effet d'écho, ou une réverbération. Vous pouvez même recourir de façon ponctuelle au compresseur pour lisser les moments les plus intenses de votre composition, tout en gardant le reste du temps la dynamique naturelle de votre orchestre.

Mémoriser une configuration d'effets

À force d'utilisation, il y a fort à parier que vous utiliserez peu ou prou une configuration d'effets semblable, selon les instruments que vous aurez à traiter. C'est pour vous éviter un travail répétitif que GarageBand permet de mémoriser votre rack de plug-ins.

> À savoir **Mémoriser un réglage d'effet**
>
> 1. Dans le panneau de réglage du plug-in, déroulez le menu local situé en haut de la palette.
> 2. Sélectionnez *Définir comme pré-réglage*.
> 3. Donnez un nom à votre réglage d'effet.
> 4. Cliquez sur le bouton *Enregistrer*.

1 Sélectionnez la piste d'instrument réel ou logiciel contenant l'ensemble d'effets à mémoriser.

2 Dans la colonne *Infos de piste*, dans l'onglet *Parcourir*, choisissez la catégorie générale à l'intérieure de laquelle sera stockée le pré-réglage (*Acoustic Guitars*, *Band Instruments*, *Basic Track*, *Bass*...).

3 Cliquez sur le bouton *Enregistrer l'instrument* en contrebas de l'interface.

Si vous employez une piste de guitare électrique dont les effets ont été personnalisés au préalable, le mode opératoire est identique : cliquez sur le bouton *Enregistrer le réglage* — toujours en contrebas de l'interface.

En résumé

Le mixage d'une chanson nécessite le recours incessant aux effets de toute nature. Aussi, il est tentant de vouloir utiliser tout l'arsenal de plug-ins mis à votre disposition. Mais, faites très attention à ne pas perdre de vue les objectifs de mixage que vous vous êtes fixés au chapitre précédent ! Un effet bien utilisé est avant tout celui qui concourt à équilibrer l'ensemble de l'édifice sonore.

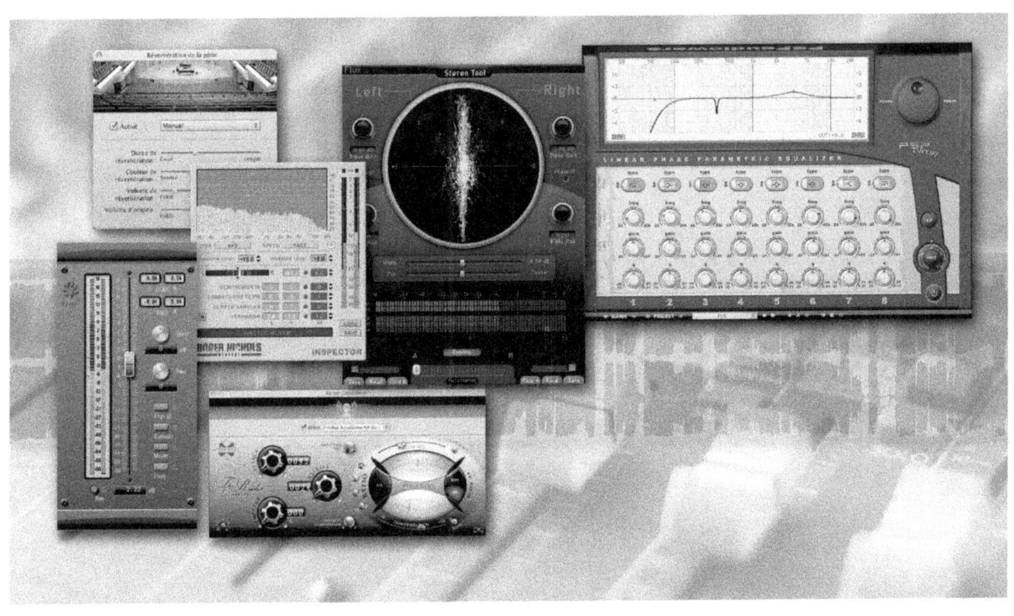

1. Fast For...
2. Boston Tea Pa...
3. Sweet Inspiration
4. Feeling Free
(feat. The Hairy PitDroids)
CHLOÉ
Kubla Kahn
Feeling
PRESTON
records
Extended Play
999·919970

Finaliser son projet

Une fois le mixage achevé, la longue route qui vous a conduit jusqu'ici se trouve à la croisée des chemins : vous pouvez exporter votre œuvre pour une écoute immédiate, ou bien transférer votre projet GarageBand vers la station de travail d'un studio d'enregistrement prestigieux.

Les stratégies de finalisation sont assez diverses. Il pourra s'agir du transfert d'un projet GarageBand vers un autre ordinateur ou un studio professionnel :

- pour prises de son additionnelles ;
- pour remixage ;
- pour archivage.

Quant à l'exportation du mixage stéréo, elle pourra se faire :

- pour la fabrication en série de CD ou vinyles (en usine) ;
- pour diffusion immédiate (à destination d'un baladeur MP3, d'une distribution sur internet...) ;
- pour gravure CD à l'unité ou en petite quantité depuis GarageBand.

Exporter votre projet pour poursuivre le travail

Votre morceau est partiellement réalisé. Aussi, pour l'étoffer ou bien achever son mixage sur une station professionnelle, il vous faut transférer toutes les données de votre projet.

Pour le partager d'un ordinateur à l'autre

Il vous arrivera sans doute de travailler avec un autre utilisateur de Garage-Band. Partager votre projet devient nécessaire, mais cela implique que les sons utilisés chez vous soient également disponibles sur l'ordinateur de la personne avec qui vous allez collaborer. Malheureusement, ce n'est pas toujours le cas. Aussi, avant de copier votre projet (sur une clef USB, un disque dur portable...), créez une copie aménagée que vous emporterez avec vous :

1 Sélectionnez *Fichier>Enregistrer sous*.

2 Si votre projet contient des boucles provenant de la bibliothèque Gara-geBand, cochez la case *Archiver le projet*.

3 Renommez votre projet.

4 Procédez à la sauvegarde.

Vers Logic Pro

L'exportation vers Logic 8 et 9 (en version Studio ou Express) est tout aussi simple.

1 Réalisez une sauvegarde de votre projet comme à la section précédente.

2 Dans la barre de menus de Logic, demandez *Fichier > Ouvrir*.

3 Sélectionnez le projet GarageBand '09 à importer.

4 Une seconde fenêtre de requête apparaît. Conservez les options cochées par défaut.

5 Nommez le nouveau projet qui va être créé.

6 Cliquez sur le bouton *Enregistrer*.

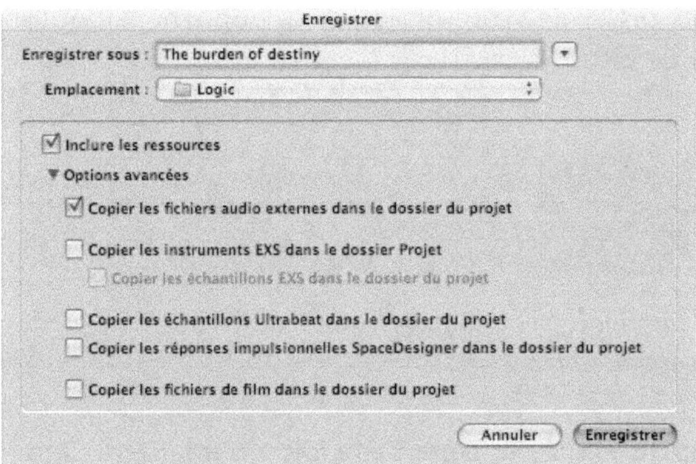

FIGURE 10-1 *De GarageBand à Logic Pro*

Vers d'autres séquenceurs

Si vous comptez porter votre projet GarageBand vers une station de travail Pro Tools, Digital Performer, voire Cubase SX, les choses se compliquent un peu. Mais rassurez-vous, l'épreuve n'est pas insurmontable : il s'agit simplement d'exporter les pistes une à une, en qualité maximale.

Si vous n'avez besoin que de fichiers en 24 bits, utilisez la même méthode que celle décrite au chapitre 8, concernant la conversion des pistes d'instruments logiciels en pistes audio. Voici le récapitulatif des manœuvres à opérer :

1 Activez la lecture solo de la piste.

2 Désactivez les effets présents sur chaque piste, si vous comptez modifier le mixage ultérieurement.

3 Sélectionnez le menu *Partage > Exporter vers le disque*. Dans la fenêtre de dialogue, veillez à ce que la case *Compresser* soit bien décochée.

Pour une exportation de chaque piste en 32 bits à virgule flottante, procédez comme suit :

1 Au préalable, désactivez la lecture en boucle.

2 Désactivez les effets présents sur chaque piste, si vous comptez ultérieurement modifier le mixage.

3 Verrouillez toutes les pistes de votre projet, en actionnant le bouton idoine dans l'en-tête de piste.

FIGURE 10-2 *Le verrouillage entraîne le pré-mixage de la piste en cours, et libère par la même occasion les ressources processeur.*

4 Cliquez sur la touche de lecture, une première fois, pour lancer l'exportation interne de chaque piste en 32 bits à virgule flottante, c'est-à-dire en qualité de traitement maximal. Dès que le logiciel vous rend la main, appuyez une seconde fois sur la touche de lecture pour stopper la restitution de votre morceau.

5 Recherchez à présent les fichiers audio relatifs à chaque piste : depuis le Finder, faites un clic droit sur l'icône de votre projet GarageBand. Dans le menu contextuel, sélectionnez *Afficher le contenu du paquet*. Ouvrez le dossier `Freeze Files`.

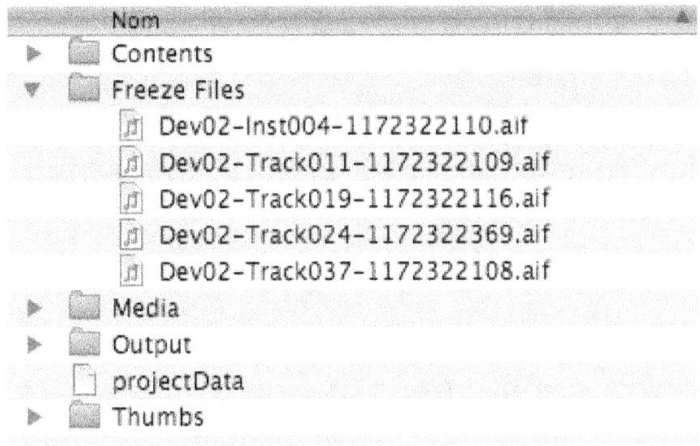

FIGURE 10-3 *Le dossier Freeze Files*

6 Copiez son contenu dans un nouveau dossier, ailleurs sur votre disque dur. Chaque fichier correspond à une piste unique de votre projet.

> POSSIBILITÉ **Renommer les documents audio**
>
> Pour des raisons de commodité personnelle, vous pouvez renommer les documents audio comme bon vous semble, en indiquant, par exemple, le nom de l'instrument qui joue.

7 Depuis le séquenceur de votre choix, réimportez ces pistes une par une.

8 Dès l'instant où vous aurez déverrouillé les pistes dans GarageBand, les fichiers contenus dans le dossier `Freeze Files` s'évanouissent instantanément.

Comprendre le mastering

GarageBand est un merveilleux outil pour la composition, mais il est mal adapté au traitement final, que l'on nomme *mastering*. Ce terme désigne la préparation d'un enregistrement à une norme de diffusion. Le but du mastering est triple :

- Corriger les imperfections mineures.
- Harmoniser le son des différentes chansons d'un album, dont l'enregistrement a pu s'effectuer dans des conditions très différentes.

- Formater l'œuvre aux impératifs esthétiques et techniques de l'industrie du disque.

Contrairement à l'idée que l'on pourrait s'en faire, il ne s'agit pas de transformer un enregistrement de qualité médiocre en un chef-d'œuvre, mais plutôt d'en exhaler les saveurs...

> PRÉCISION **Mastering ou pré-mastering ?**
>
> Le pré-mastering est souvent synonyme de mastering à la maison, ce qui n'est pas son acception première ! Originellement, le PreMaster est un format développé par Sony, au début des années 1990, en vue de produire un nouveau support maître sur disque compact (appelé aussi PMCD) pour la duplication ultérieure en usine. La seule et unique station de travail est fournie par la société Sonic Solution. Par extension, avec l'arrivée des systèmes d'enregistrement sur ordinateur (*direct-to-disc*) à un tarif abordable au milieu des années 1990, l'idée a germé chez les éditeurs de fournir des outils logiciels pour préparer le master à domicile voire simplement pour tenter d'approcher le son des disques du commerce.

La chaîne de traitement finale

Cet aspect de la post-production est délicat, et conditionne la qualité de fabrication de votre album en usine : c'est la raison pour laquelle nous vous recommandons chaudement, si votre budget l'autorise (comptez entre 60 et 102 euros hors taxes par titre), de confier vos fichiers de mixage 24 bits à un studio spécialisé dans le mastering. C'est aussi le seul moyen d'approcher la sonorité caractéristique des disques du commerce. À titre d'information, voici quelques-unes des opérations qui seront réalisées à cette occasion :

1 Le nettoyage des débuts et fins de chansons (réductions d'éventuels bruits parasites).

2 Le rééquilibrage des canaux gauche et droit.

3 La correction de l'équilibre spectral.

4 L'adaptation de l'œuvre à l'esthétique du temps présent.

5 Le contrôle de la dynamique globale — de façon à ce que vos œuvres ne diffèrent pas des autres productions commerciales.

> Précision **Les configurations d'effets de la piste principale**
> La piste principale propose tout un lot de configuration d'effets classés par style musical (Ambiant, Classical, Dance, Hip Hop, Jazz, Pop, Rock...). Soulignons qu'ils ne sont pas adaptés pour un travail de mastering. Ils agissent tout au plus comme des programmes « d'ambiance » que l'on trouve sur les appareils Hi-Fi.

Après cette ultime étape, les morceaux sont transférés à l'usine pour duplication, ou bien vous sont restitués sous la forme d'un CD audio maître à partir duquel vous pouvez décliner des copies AAC ou MP3 (pour une distribution sur Internet, par exemple).

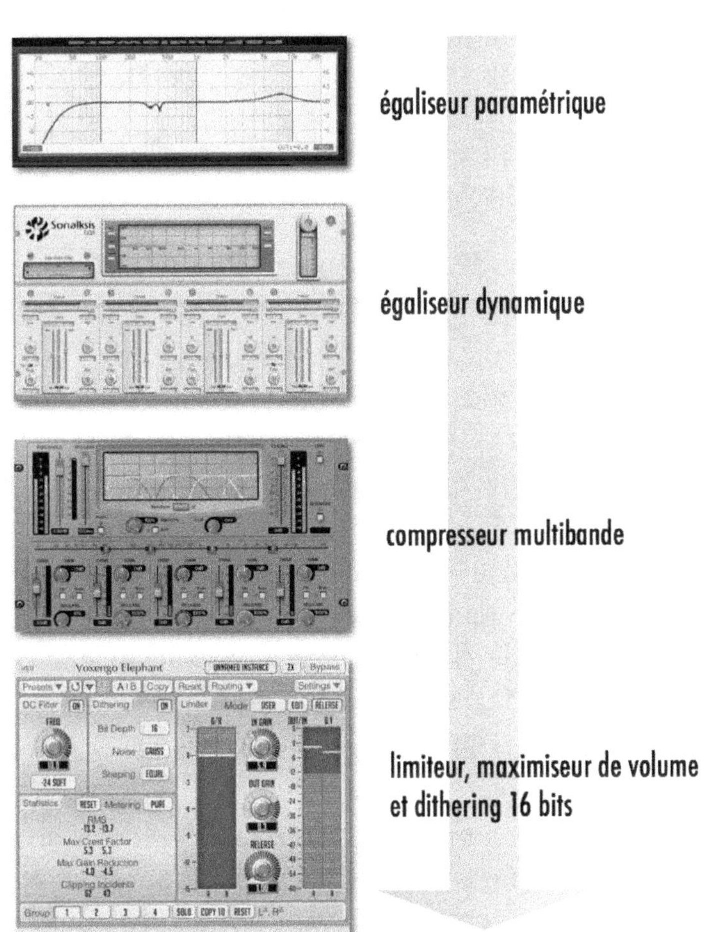

FIGURE 10-4 *Chaîne de traitement simplifiée pour le mastering. Les zones de fréquences à surveiller demeurent les mêmes que pour le mixage, détaillées au chapitre 9.*

Préparer vos mixages pour le mastering

Pour ne pas fâcher l'ingénieur du son qui aura en charge la réalisation du *master* de votre album, voici quelques recommandations importantes.

> ASTUCE **Le mastering en ligne**
>
> Si vous souhaitez mettre en valeur votre prochain tube planétaire, vous pouvez profiter des avantages que propose Internet. Parmi les nombreux prestataires spécialisés dans le mastering en ligne, on trouve désormais le très célèbre studio londonien Abbey Road.
>
> ▸ http://www.abbeyroadonlinemastering.com/
>
> Si vous choisissez comme destination la Californie, le studio de Dave Collins vous ouvre virtuellement ses portes. Il compte à son tableau de chasse nombres d'artistes prestigieux comme Ben Harper, Linkin Park, No Doubt, The Police, Weezer...
>
> ▸ http://www.collinsaudio.com/index.htm
>
> De retour en France, le studio DK Mastering (travaillant avec EMI, Virgin, BMG...) est à votre disposition à cette adresse :
>
> ▸ http://www.dkmastering.com
>
> À titre indicatif, les tarifs pratiqués pour une chanson s'échelonnent entre 60 et 102 € hors taxes, suivant le prestataire de service choisi.

- Exportez le mixage de tous vos morceaux en haute qualité dans un format non destructif. L'opération s'effectue via le menu *Partage > Exporter le morceau vers le disque*. Veillez impérativement à laisser décochée la case *Compresser* !

- Sur la piste principale, ne placez ni limiteur, ni maximiseur de volume.

- Veillez à ce que les pics de dynamique ne franchissent pas le cap de -3 dB, avec un volume moyen (RMS) de -15 dB environ. Pour effectuer ce contrôle, mettez à contribution sur la piste principale le plug-in *Inspector*.

- Indiquez également à l'ingénieur du son, l'ordre souhaité des titres et la direction artistique de votre projet.

- Si le studio de mastering réclame un mixage stéréo en 32 bits à virgule flottante, GarageBand ne sera pas en mesure de vous le fournir directement, mais nous vous livrons au chapitre suivant une astuce pour ravir le Saint Graal !

Est-il nécessaire de réchauffer un mixage numérique ?

La question paraît incongrue... et assurément, elle l'est ! Si vous demandez son avis au producteur Steve Albini (Nirvana, The Pixies, PJ Harvey...), il vous répondra dans un langage très fleuri tout le mal qu'il en pense. Il y a deux raisons à cela. Le matériel d'enregistrement numérique a considérablement évolué depuis les années 1980, rendant injustifié toute manipulation du signal. En outre, les processeurs d'entrée de gamme (estampillés *vintage* et émulant les caractéristiques du son analogique) produisent des aigus agressifs et rendent ce type d'intervention inepte. Aussi, la ligne de conduite à adopter est toujours la même : tout effet ajouté au moment du mastering ne doit jamais dégrader le mixage.

Organiser les titres de votre album

L'ordre de succession des morceaux au sein d'un album dépend intimement de l'œuvre produite, et de l'auditoire auquel vous le destinez.

- Pour la promotion de votre travail, limitez-vous à un échantillon de 6 titres allant du morceau le plus accrocheur au plus original.
- Dans le cadre d'un album dont les titres constituent des entités à part entière, placez les titres les plus fédérateurs et dynamiques au début, ainsi qu'en milieu de liste — ceci afin de relancer l'intérêt d'écoute. Vous pouvez également placer en première position, un titre complexe à l'introduction instrumentale longue, afin de planter le décor de votre univers artistique.
- S'il s'agit d'un concept-album, vous pouvez envisager de placer les chansons en fondu enchaîné, plutôt que d'insérer deux à trois secondes de silence entre les pistes.

Concept-album

Dans un concept-album, toutes les chansons forment les chapitres d'une œuvre unique.

Exporter pour diffusion

Les types de diffusion

L'export pour diffusion comporte deux aspects, qu'il est important de bien distinguer.

Vous pouvez réaliser des copies de vos morceaux pour une écoute immédiate, afin de tester la validité d'un mixage sur votre chaîne Hi-Fi, votre baladeur, votre autoradio... Dans ce premier cas, aucun traitement préalable n'est nécessaire.

Dans le second cas, le mixage est destiné à la promotion de votre travail, et vous ne souhaitez pas le confier à un studio de mastering. Vous pouvez alors placer à titre exceptionnel un limiteur sur la piste principale (MPL-1 SE de Kjaerhus Audio, Elephant de Voxengo...) avec comme niveau maximal de sortie (*Gain* ou *Out Gain*) -0,3 dB. Abaissez peu le seuil (*Threshold*) jusqu'à -6 dB au maximum : le niveau de modulation moyen (RMS) obtenu devrait être de l'ordre de -10 dB. Veillez à ce que la fonction *Dithering* soit active et réglée sur 16 bits.

FIGURE 10-5 *MPL-1 SE en action*

> À SAVOIR **Le dithering**
>
> Pour produire des fichiers de mixage destinés à la gravure CD, Garage-Band passe d'une résolution interne de 32 bits à virgule flottante à 16 bits. La réduction drastique de la résolution entraîne fatalement une dégradation sonore. Heureusement, il est possible de pallier ce fâcheux problème en injectant un bruit de faible puissance. Ce procédé est appelé *dithering*. En outre, pour éviter que ce fameux bruit ne perturbe la qualité de l'écoute, vous pouvez faire appel à un processeur spécialisé dénommé *noise shaping*. Son principe d'action repose sur le fait que l'oreille ne perçoit pas les signaux audio linéairement. Les corrections sont ensuite appliquées de façon à ce que le résultat final reste agréable pour l'auditeur. Comme GarageBand ne dispose pas de pareille fonction, c'est la raison pour laquelle il est impératif de recourir à des plug-ins spécialisés.

Pour l'Internet et votre baladeur numérique

L'écoute sur baladeur ainsi que le téléchargement de vos morceaux depuis Internet nécessitent la création de fichiers audio de petite taille (d'une moyenne de 5 Mo). Ainsi, ils sont bien plus facilement manipulables par l'auditeur qui peut les stocker sur des appareils dotés d'une mémoire informatique de petite capacité, ou bien, favorisera leur téléchargement depuis une ligne Internet.

1 Demandez l'item *Exporter le morceau vers le disque* depuis le menu *Partager*.

2 Cochez la case *Compresser*.

3 Sélectionnez ensuite le type et la qualité d'encodage, au sein des menus locaux respectifs. L'encodage AAC en qualité supérieure est idéal pour les baladeurs iPod ou l'iPhone.

4 Pour une mise à disposition sur Internet de vos compositions, il vaut mieux vous assurer d'une compatibilité maximale avec le parc matériel de vos auditeurs. Dans ce cas, l'encodage MP3 en qualité supérieure est requis.

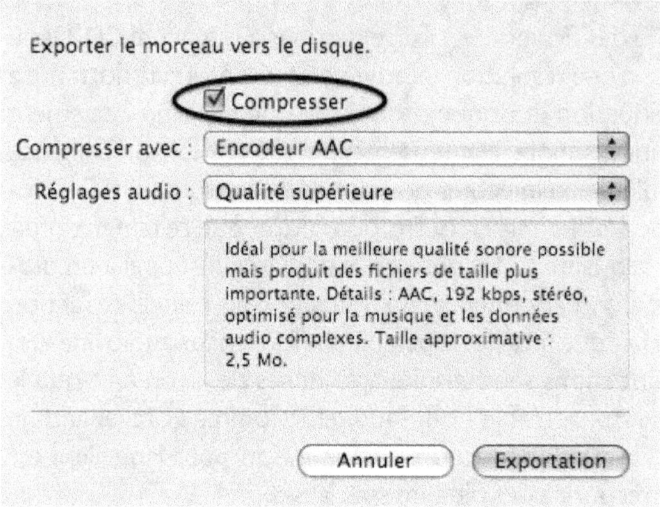

FIGURE 10–6 *L'encodage AAC est à réserver à vos auditeurs pourvus d'un iPod ou d'un iPhone, ou à destination d'iTunes.*

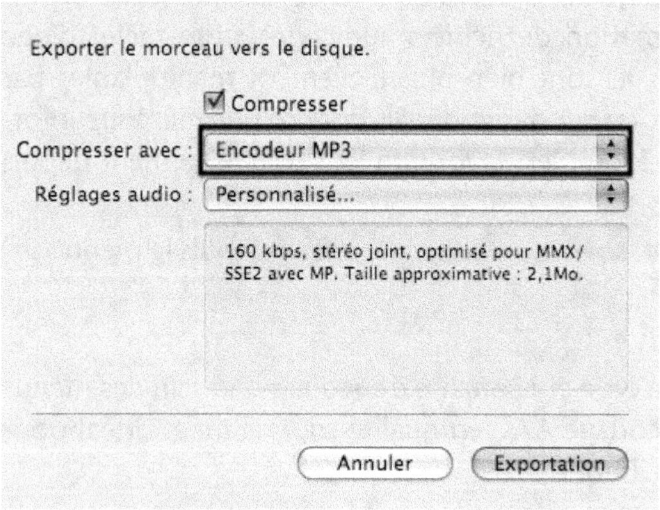

FIGURE 10–7 *Encoder en MP3*

Pour une qualité irréprochable, tant en MP3 qu'en AAC, vous pouvez forcer l'encodeur à adapter son travail en fonction de la complexité du signal sonore.

> Gros plan **Les formats de fichiers**
>
> L'AAC (Advanced Audio Coding) et le MP3 (MPEG-1/2 Layer 3) sont deux techniques de compression audio. Le procédé d'encodage s'appuie à la fois sur la suppression d'informations non perçues par l'auditeur, mais aussi sur l'élimination des données audio-numériques redondantes. Au final, le poids du fichier audio est divisé en moyenne par cinq pour de l'AAC et par dix pour du MP3, tout en préservant une qualité d'écoute acceptable. Vous l'aurez donc compris, l'un et l'autre sont destinés à la diffusion de vos œuvres, mais en aucun cas pour de la production musicale ! Dans le cadre d'un mixage employez exclusivement des formats de fichiers AIFF (.aif) ou WAVE (.wav) contenant des données audio non compressées. Enfin, les fichiers parés de l'extension .caf (Core Audio Format) sont propres à Apple : les données sont compressées avec un procédé non destructif.

1 Dans le menu local, sélectionnez *Réglages audio > Personnalisé*.

2 Sélectionnez votre qualité d'encodage.

   – Dans le cas d'un codage AAC, cochez la case *Utiliser le Variable Bit Rate encoding (VBR)*, et demandez un débit de *256 kbps* (kilobit par seconde) en qualité maximum.

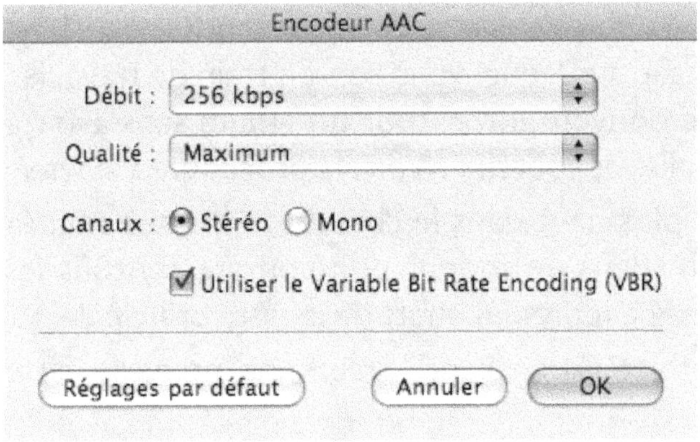

FIGURE 10-8 *AAC : réglages avancés*

   – Pour du MP3, optez pour un débit de 192 kbps, cochez également la case *Utiliser le Variable Bit Rate encoding (VBR)*, et demandez une *QualitéVBR Maximum*.

3 Laissez les cases *Filtrer les fréquences inférieures à 10 Hz*, et *Utiliser Stéréo joint* cochées, afin d'obtenir un seul fichier combinant les canaux audio droit et gauche.

Vers iTunes

Pour disposer de vos compositions directement depuis l'application iTunes, demandez dans le menu *Partage > Envoyer le morceau vers iTunes*. Les options de compression demeurent identiques à celles expliquées précédemment. En outre, GarageBand créera automatiquement une nouvelle liste de lecture où seront entreposés vos œuvres.

Avant cela, n'oubliez pas de renseigner les champs de métadonnées (nom de l'artiste, nom du compositeur, et nom de l'album) qui seront inscrits dans le fichier exporté. Pour ce faire, rendez-vous dans les préférences de GarageBand, panneau *Mes infos*.

Graver son CD depuis GarageBand

GarageBand dispose d'une fonction permettant la gravure de CD audio via le menu *Partage > Graver le morceau sur CD*. Seulement, voilà, il ne s'emploie qu'à partir du morceau sur lequel vous êtes en train de travailler. Or, vous aimeriez sans doute pouvoir graver tout un album sans avoir à investir dans un logiciel spécialisé et coûteux ? Voici la procédure à suivre.

1 Comme expliqué un peu plus haut dans le chapitre, exportez sous la forme d'un mixage stéréo (dans un format non compressé) tous les titres de votre album. Pensez à retirer les effets de la piste principale.

2 Au sein d'un nouveau projet GarageBand, créez une nouvelle piste d'instrument réel.

3 Disposez les morceaux précédemment exportés les uns à la suite des autres.

4 Afin de délimiter les différentes plages de votre CD, demandez le menu *Piste > Afficher la piste de podcast*.

5 Placez la tête de lecture au début du premier morceau. Puis, en contre-bas de l'interface, cliquez sur le bouton *Ajouter un marqueur*.

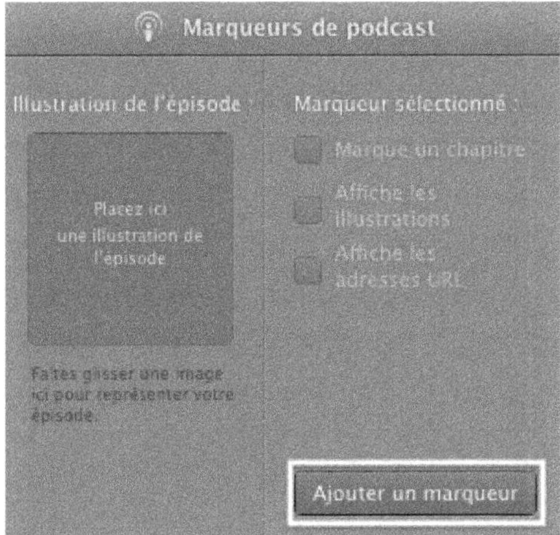

FIGURE 10–9

6 Recommencez l'opération, en plaçant cette fois la tête de lecture, au début du deuxième morceau… et continuez ainsi jusqu'au dernier morceau.

7 Rendez-vous dans le menu *Partage*, et demandez *Graver le morceau sur CD*. Une fenêtre de requête apparaît. Vous pouvez alors introduire un CD vierge dans votre graveur.

8 La qualité de la gravure est étroitement dépendante du graveur lui-même et des consommables utilisés. Avec le périphérique équipant le Macintosh, optez pour une vitesse de 8x.

9 Votre disque est prêt ! Il ne vous reste plus qu'à créer et imprimer une pochette, puis à distribuer le tout lors de votre prochain concert !

> **La valeur BLER**
>
> Il faut avoir en mémoire qu'au moment de la gravure d'un CD audio, des erreurs surviennent. Dans le meilleur des cas, on en relève quelques dizaines par secondes ! On nomme cela la valeur BLER (pour BLock Error Rate).

En résumé

La qualité générale des œuvres produites par l'industrie du disque est la somme de plusieurs facteurs : des orchestrations qui tiennent compte des impératifs du mixage, des prises de son respectant l'esthétique d'un morceau, et enfin un mixage mettant en valeur le compositeur comme l'interprète. Si vous avez réuni toutes ces conditions, l'étape finale appelée *mastering* n'apportera pas de grands changements dans l'esthétique sonore de vos morceaux... mais elle vous permettra de rivaliser avec les productions du commerce !

1. Fast For
2. Boston Tea Pa
3. Sweet Inspiration
4. Feeling Free
(feat. The Hairy PitDroids)
CHLOÉ
Kubla Kahn
Feeling
PRESTON
records
Extended Play
999 - 010870

chapitre

11

Les ressources cachées de GarageBand

Lorsque vous êtes en confiance avec un logiciel, il n'est pas toujours nécessaire de migrer vers d'autres horizons, sous prétexte qu'il vous manque certaines fonctionnalités. Avec quelques astuces, vous pouvez accomplir les mêmes prouesses qu'avec des solutions bien plus onéreuses. Ce chapitre est donc dédié à celles et ceux qui aiment pousser dans ses derniers retranchements leur outil de travail favori.

Le facteur d'instrument

GarageBand dispose de nombreux instruments et boucles prêts à l'emploi. Si dans ce choix pléthorique, vous ne trouvez pas votre bonheur, le moment est venu de modifier ceux existants, voire d'en ajouter de nouveaux !

Le générateur de son

1 Sélectionnez une piste d'instrument réel, ou bien créez-en une nouvelle.

> RAPPEL **Créer une piste d'instrument réel**
>
> Dans le menu *Piste*, sélectionnez *Nouvelle piste*, puis *Instrument logiciel*.

2 Dans la colonne *Infos de pistes*, ouvrez l'onglet *Édition*.
3 Examinez le contenu du menu local *Générateur de son*.

FIGURE 11–1 *Le menu local Générateur de son*

Comme vous le remarquez, c'est à cet endroit que vous choisissez la façon dont l'instrument est fabriqué. La première partie du menu local *Générateur de son* regroupe tous les modules sonores livrés avec GarageBand. Dans la seconde, sont consignés les instruments virtuels additionnels, que vous aurez éventuellement achetés (Kontakt, Stylus RMX, Predator, TruePiano...).

Comme tous les synthétiseurs modernes issus des années 1980, GarageBand met en œuvre deux recettes de création sonore. Soit il utilise une onde échantillonnée (sinusoïdale, triangulaire ou rectangulaire...), et l'utilisateur devra donc *sculpter* cette matière première à l'aide de filtres pour obtenir la sonorité voulue. Cette façon de faire est bien adaptée à la musique électronique, aux bruitages, etc... Soit, deuxième possibilité, GarageBand utilise des fragments enregistrés provenant d'un véritable instrument de musique. Cette méthode a le mérite de produire des sonorités plus réalistes.

> BON À SAVOIR **Lecteur d'échantillons**
>
> Contrairement aux apparences, GarageBand est bel et bien pourvu d'un lecteur d'échantillons au format EXS24, à l'instar de Logic Pro. La différence de taille est qu'aucun panneau de réglage n'est accessible depuis le logiciel, ne vous permettant pas ainsi de créer *ex nihilo* de nouveaux instruments.

Les principes de base de la synthèse

Si vous vous êtes essayé à la synthèse sonore, vous trouvez sans doute l'exercice un peu fastidieux, et le résultat obtenu difficilement prédictible. Pourtant, il devrait en être autrement. Il faut avouer que les synthétiseurs intégrés à GarageBand n'offrent encore une fois qu'un panel de fonctions restreint. Des années 1970 au début des années 1990, produire des sonorités nouvelles était aussi stimulant que programmer un blog. Le principe de la synthèse soustractive utilisé par GarageBand est plutôt simple à concevoir :

1 Au départ vous disposez d'une matière sonore brute qui est une onde échantillonnée.

2 Vous passez cette dernière à travers un filtre (une sorte d'égaliseur, si vous préférez), qui aura pour effet de sculpter le matériau sonore de départ.

3 Vous indiquez la façon dont le son va se propager et évoluer dans le temps : comment il débute (l'attaque), à quel moment il diminue en intensité (l'affaiblissement) pour atteindre ensuite sa période de stabilité (la tenue ou le maintien), et enfin comment il s'éteint (le relâchement). Ces 4 temps sont nommés enveloppe ADSR.

L'enveloppe ADSR

Le sigle ADSR renvoie aux mots anglais *Attack* (attaque), *Decay* (affaiblissement), *Sustain* (maintien) et *Release* (relâchement). Dans le cas d'un synthétiseur, ces quatre temps peuvent s'appliquer au volume sonore, et donc à la manière qu'a le son de se propager, mais aussi à d'autres paramètres, comme le filtrage voire même aux changements de hauteur (*pitch*).

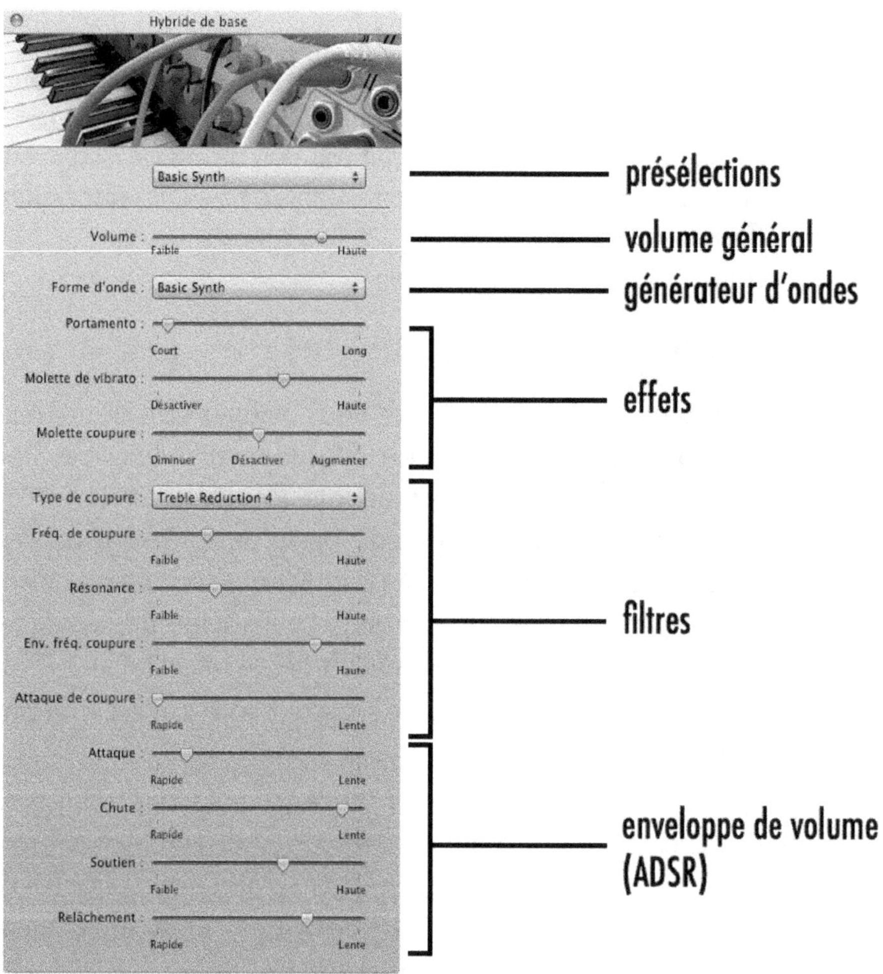

FIGURE 11–2 *Le générateur de son Hybride de base*

De Prince à Daft Punk

Si vous n'avez jamais encore pratiqué la synthèse sonore avec GarageBand, je vous propose quelques exemples faciles à réaliser. Voici comment faire pour imiter le son d'une guitare électrique :

1 Choisissez de préférence le générateur d'instrument nommé *Analogique de base*.

2 Sélectionnez le programme *Funky Fifth* ou *Percussive Fifth* ❶.

3 Ajoutez comme effet sur la piste courante *Simulation d'ampli > American Lead* ❷.

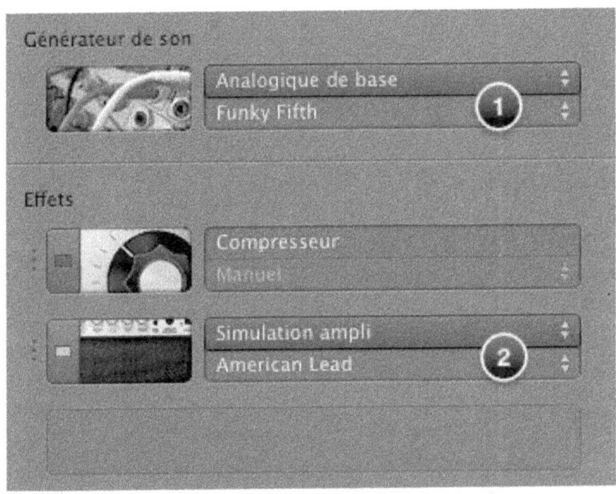

FIGURE 11-3 *N'hésitez pas à ajouter des effets (distorsion, écho, flanger...) afin d'étoffer la matière sonore brute !*

Concernant les sons caractéristiques de la musique de Daft Punk, Air, Jean-Michel Jarre ou de Vangelis, choisissez une onde en dents de scie telle que produite par le générateur *Nappe Analogique*. Dans ce cas précis, le paramètre de *Modulation* doit se situer aux 2/3 de sa course, de même que la *Fréquence de coupure*. Quant aux paramètres *Caractère*, *Résonance*, et *Enveloppe fréquence de coupure*, ils restent contenus dans le premier tiers. Le curseur de *Durée* agit sur l'enveloppe d'amplitude. Si le paramètre de *Durée* est placé sur l'indicateur *Courte,* le son commence de suite, et se termine au moment où le musicien cesse de jouer. A contrario, placé sur *Longue*, le son met un certain temps avant d'arriver à sa pleine maturité, et cesse de résonner plusieurs secondes après la fin d'une note.

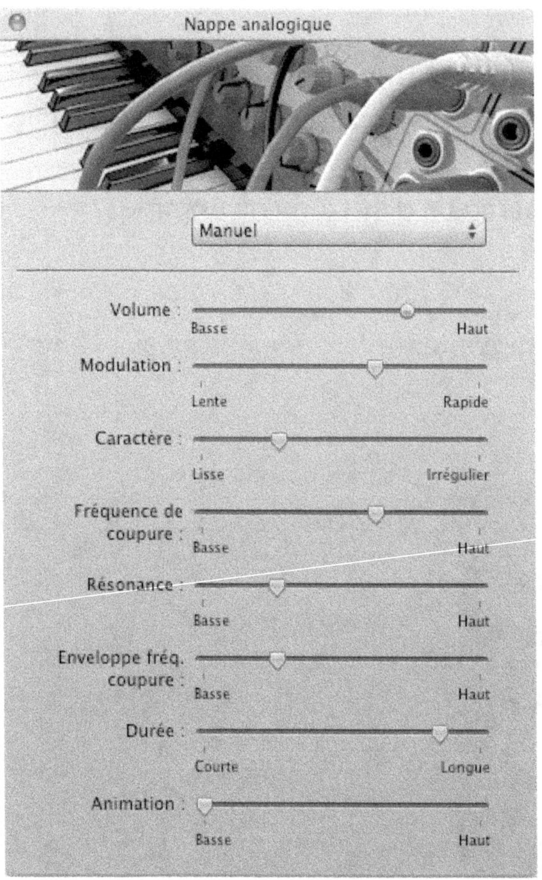

FIGURE 11-4 *Une nappe de synthé façon années 1980*

Si ces sons vous plaisent, vous pouvez les mémoriser sous la forme de préréglages :

1 Dans la colonne *Infos de piste*, ouvrez l'onglet *Parcourir*.

2 Choisissez une catégorie d'instrument (Bass, Drum Kits, Guitars, Horns...).

3 Cliquez ensuite en contrebas sur le bouton *Enregistrez l'instrument*, et donnez un nom à votre création.

Automatiser les paramètres de synthèse

N'oubliez pas qu'à l'aide des courbes d'automation (rencontrées en fin de chapitre 9), vous pouvez programmer des variations de timbre.

1. Appuyez sur le bouton en forme de triangle situé dans l'en-tête de piste.
2. Activez l'automatisation du mixage en cliquant sur le bouton de forme carré.
3. Au sein du menu local *Volume piste*, demandez *Ajouter automatisation*.
4. Dans la fenêtre qui apparaît, sous le nom de l'instrument, sélectionnez les fonctions que vous souhaitez automatiser.

Ainsi, vous pouvez faire varier dans le temps la fréquence de coupure ou la résonance, et recréer les effets typiques de la musique électronique.

Ajouter d'autres instruments logiciels

Vous pouvez enrichir le nombre d'instruments virtuels à l'aide de produits dédiés à GarageBand, comme la série Jam Pack (http://www.apple.com/fr/ilife/garageband/jam-packs.html). Elle offre, en outre, un grand nombre de phrases musicales enregistrées. Contrairement à une idée reçue, il est possible d'étendre le choix à tous les produits disponibles pour les séquenceurs concurrents, à condition d'être au format Audio Unit et compatible Intel (à l'instar des incontournables Kontakt 4 de Native Instruments, StylusRMX de Spectrasonics et autre Volta édité par Mark Of The Unicorn...).

Le tableau suivant présente une très courte sélection de produits que nous affectionnons pour leur rapport qualité/prix, ou que nous utilisons à titre personnel.

TABLEAU 11–1 **De nouveaux instruments logiciels pour GarageBand**

Produit	Type d'instrument	Site de l'éditeur	Prix
Mr Ray 73 Mk II	Piano électrique	http://www.genuinesoundware.com/?a=showproduct&b=27	49,00 €
Alpha 3	Synthétiseur	http://www.linplug.com/Instruments/Alpha_3/alpha_3.htm	79,00 €
Octopus Dual Matrix	Synthétiseur	http://www.linplug.com/Instruments/Octopus/octopus.htm	99,00 €

Tableau 11–1 De nouveaux instruments logiciels pour GarageBand (suite)

Produit	Type d'instrument	Site de l'éditeur	Prix
TAL-Elek7ro	Synthétiseur	http://kunz.corrupt.ch/ ?Products:VST_TAL-Elek7ro	gratuit
TAL-U-No-62	Synthétiseur	http://kunz.corrupt.ch/ ?Products:VST_TAL-U-No-62	gratuit
TAL-BassLine	Synthé basse	http://kunz.corrupt.ch/ ?Products:VST_TAL-BassLine	gratuit
Olga	Synthétiseur	http://www.stillwellaudio.com/ ?page_id=37	80,00 €
Kontakt Player	Lecteur d'échantillons	http://www.native-instruments.com/	gratuit
Kore Player	Lecteur d'échantillons	http://www.native-instruments.com/	gratuit
Nithonat Drum Machine	Boîte à rythmes	http://www.d16.pl/ index.php?menu=225	79,00 €
iDrums	Boîte à rythmes	http://www.izotope.com/ products/audio/idrum/	42,22 €
True Piano	Pianos acoustiques	http://www.truepianos.com/	150,00 €

Une boucle d'instrument réel auto-adaptative

Les fichiers audio échantillonnés que vous importez dans GarageBand ne s'adaptent ni au tempo ni à la tonalité générale de vos morceaux — ce qui est rageant ! Aussi, voici comment conformer les boucles audio à votre projet, à la manière des produits commerciaux (*Jam Packs* et consorts). Pour ce faire, vous aurez besoin de l'utilitaire de boucle Soundtrack. Le logiciel est en libre téléchargement à cette adresse : ftp://ftp.apple.com/developer/Development_Kits/Apple_Loops_SDK_1.1.dmg.bin.

Astuce **Changer la hauteur d'une région audio à la volée**

Les boucles audio se présentent parfois sous la forme de briques de couleur bleue, violette ou orange. Si les deux premières peuvent être transposées (à l'aide de la réglette *Tonalité* située dans l'éditeur de GarageBand), en revanche, ce n'est pas le cas des régions teintées en orange. Voici comment forcer la transposition :

1. Sélectionnez la région audio concernée.

2. Appuyez sur les touches *Ctrl + Alt + Cmd + G*.

3. Cliquez une nouvelle fois sur la brique : cette dernière se teinte alors en violet.

Outil **Stuffit Expander**

Au cas où l'extraction de l'archive vous pose quelques difficultés, optez pour le programme Stuffit Expander (gratuit) en lieu et place de l'utilitaire de décompression de Mac OS X. L'application s'installe par défaut dans le dossier `/Applications/Utilitaires`.

▸ http://www.apple.com/downloads/macosx/
system_disk_utilities/stuffitexpander.html

1 À l'ouverture de l'utilitaire de boucle Soundtrack, une fenêtre de requête vous invite à choisir le fichier audio à traiter. N'employez que des documents sonores au format AIFF ou WAVE exclusivement.

Outil **Convertisseur multiformat**

Le cas échéant, convertissez votre projet avec le gratuiciel Max (en anglais).

▸ http://sbooth.org/Max/

2 Sélectionnez l'onglet *Éléments transitoires*. Au centre de l'écran s'affiche la forme d'onde de l'échantillon.

3 Pour permettre à un enregistrement audio (d'une durée et d'une hauteur a priori fixes) de se conformer au rythme de lecture de votre choix, l'utilitaire de boucle Soundtrack découpe en tranches régulières le fichier sonore à chaque pic de dynamique. Grâce à cela, le changement de tempo entraîne automatiquement le décalage des portions audio, donnant à l'oreille la sensation que le document sonore reste en rythme.

4 Dans le menu local *Division des éléments transitoires*, sélectionnez *1/8 de note*, ce qui correspond à un découpage à la croche, suffisant dans la très large majorité des cas. Si toutefois, vous souhaitez que GarageBand prenne en compte toutes les subtilités de jeu d'un instrumentiste, poussez la réglette sensibilité au-delà de la moitié de sa course.

5 En contrebas, indiquez le tempo (exprimé en BPM, battement par minute).

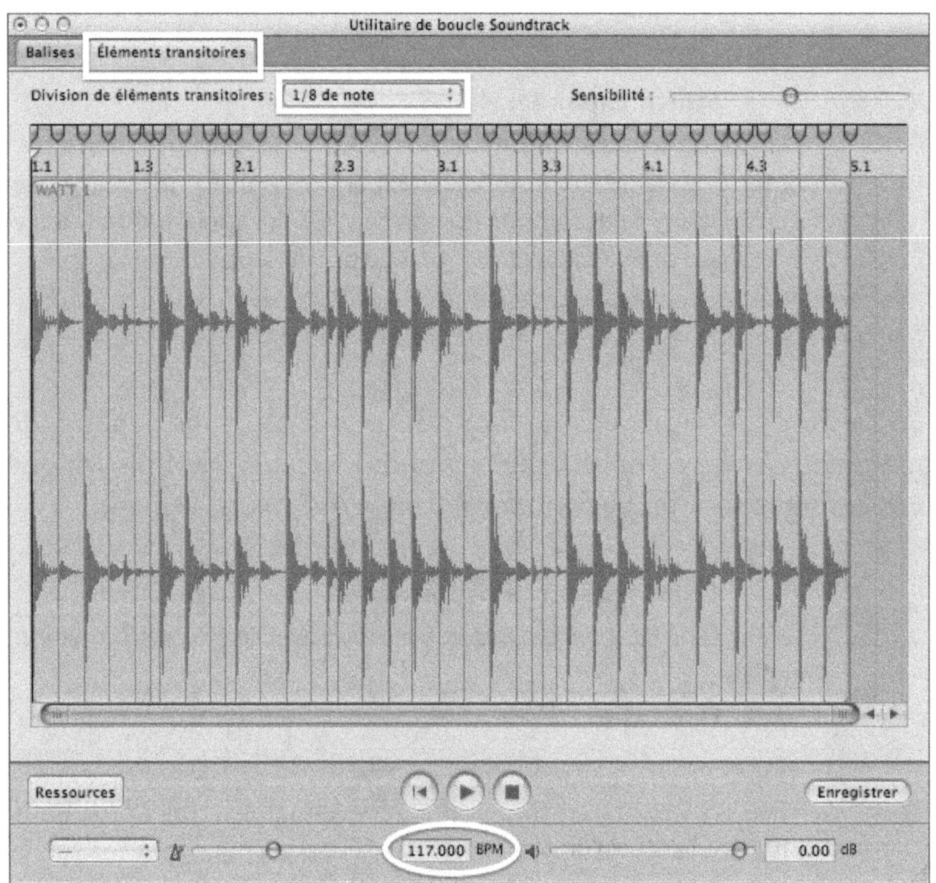

FIGURE 11–5 *Morcellement de l'échantillon (à la manière du logiciel Recycle de Propellerhead)*

6 Sélectionnez l'onglet *Balises*. Dans le menu local *Tonalité*, entrez le nom de la gamme employée, ainsi que son mode. En cas de doute, laissez

Tonalité et *Mode de gamme* sur *Aucune*. N'oubliez pas de préciser la mesure dans le menu local en regard de *Sign. temporelle*.

7 À présent, renseignez les sections *Balises de recherche*, ainsi que *Descripteurs*. Ceci aidera GarageBand à classer la boucle au sein de la bibliothèque. Enregistrez les modifications à l'aide du bouton placé dans le coin inférieur droit de la fenêtre.

8 Pour parachever l'opération, dans le menu *Contrôle*, sélectionnez *Afficher le navigateur de boucles*. Glissez-déposez ensuite le fichier audio sur le panneau *Boucles* situé dans le coin supérieur droit de l'interface.

> ASTUCE **Indexer une boucle que vous venez d'enregistrer**
>
> La procédure pour ajouter à la bibliothèque de GarageBand une région MIDI ou audio est la suivante :
>
> 1. Au préalable, sélectionnez-la région que vous souhaitez ajouter.
> 2. Dans le menu *Édition*, sélectionnez *Ajouter à la bibliothèque de boucles*.
> 3. Dans la fenêtre de dialogue, saisissez un nom pour la boucle. Indiquez également sa tonalité, son style, l'instrument utilisé ainsi que ses caractéristiques esthétiques (net, déformé, acoustique, électrique...).
> 4. Appuyez enfin sur le bouton *Créer* pour parachever l'opération.

L'éditeur de partition

Cet aspect de Garageband est relativement méconnu. Pourtant, l'éditeur de partition se révèle être de bonne facture, bien que très limité.

Afficher la partition d'une région MIDI

Si votre projet contient déjà des pistes d'instrument logiciel, vous pouvez révéler leur contenu sous la forme d'une partition classique.

1 Sélectionnez la région MIDI de votre choix.

2 Dans le menu *Contrôle*, cliquez sur *Afficher l'éditeur*.

3 Cliquez alors sur le bouton *Musique*, en contrebas de l'interface.

> À SAVOIR **Les pistes MIDI à l'honneur**
> Au sein de GarageBand, seules les pistes d'instrument logiciel peuvent être affichées sous la forme d'une partition.

Écrire la musique note à note

Pour utiliser GarageBand comme bloc note musical, procédez comme suit :

1 Au sein d'un nouveau projet, créez si nécessaire une nouvelle piste d'instrument logiciel.

> RAPPEL **Créer une piste d'instrument logiciel**
> Il faut passer par le menu *Piste > Nouvelle piste > Instrument logiciel*.

2 Appuyez sur la touche *Cmd* tout en cliquant à l'intérieur de la piste choisie.

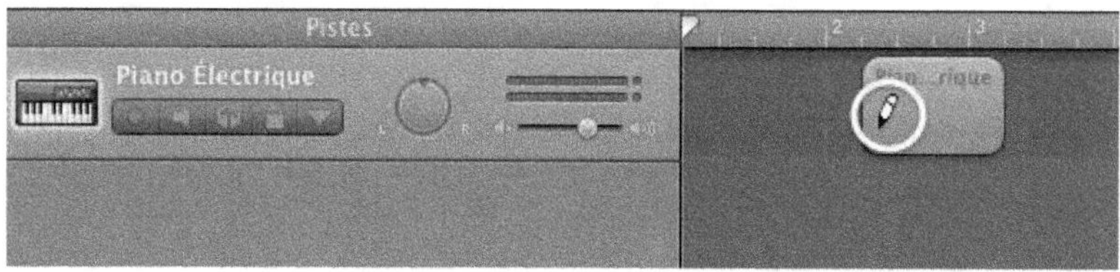

FIGURE 11–6 *La flèche du curseur se transforme ponctuellement en crayon.*

3 Une région MIDI de couleur verte apparaît alors. Positionnez-la à l'intérieur de la séquence, puis ajustez sa longueur en tirant le bord droit de la brique.

4 Demandez le menu *Contrôle > Afficher l'éditeur*. Au bas de l'interface, appuyez sur le bouton *Musique*.

5 À gauche de l'interface, dans le menu local *Insérer*, choisissez la figure de note à employer. Les figures de note à disposition vont de la ronde à la triple-croche, et sont déclinées en valeur pointée et ternaire. En outre, le signe relatif à la pédale de tenue d'un piano (Ped.) est également ment présent.

> OUPS **Il y a erreur sur le nom de la figure de note !**
>
> GarageBand en version 5.1 n'indique pas correctement le nom de la figure de note, hormis le cas de la ronde. La blanche est appelée croche, la noire double-croche, etc. Ceci étant dit, ce bogue, qui affecte la traduction française du logiciel, n'a aucune incidence sur l'insertion des notes au sein de la portée.

6 Dirigez votre souris en direction de la partition. Appuyez ensuite sur la touche *Cmd* et placez la note sur la portée. GarageBand remplit automatiquement avec des figures de silences les mesures incomplètes ou les anacrouses.

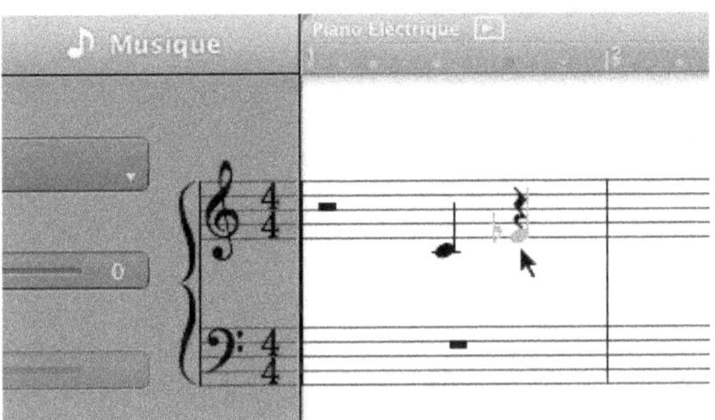

FIGURE 11-7 *Placement d'une note sur la portée*

> **L'anacrouse**
>
> La première mesure d'un morceau, dont le nombre de temps est incomplet (deux temps au lieu de quatre, par exemple), se nomme une anacrouse.

7 Pour changer la clef située en début de portée, appuyez longuement sur son symbole afin de voir une liste déroulante apparaître. Si votre composition se destine à un instrument polyphonique (piano, clavecin...), vous pouvez, de la même manière, obtenir une partition constituée cette fois d'un système de portée (affichant à la fois la clef de sol et la clef de fa).

> RAPPEL **Clef de sol et de fa**
>
> La clef de sol (deuxième ligne) décrit les sons allant du médium à l'aigu.
>
> La clef de fa (quatrième ligne) s'emploie pour les sons médium à basse.

8 Vous pouvez changer la durée d'une note à la volée, sans avoir à l'effacer au préalable : sélectionnez la figure de note. Une barre de couleur verte apparaît à sa droite. Ajustez sa longueur pour raccourcir ou allonger la durée de la note.

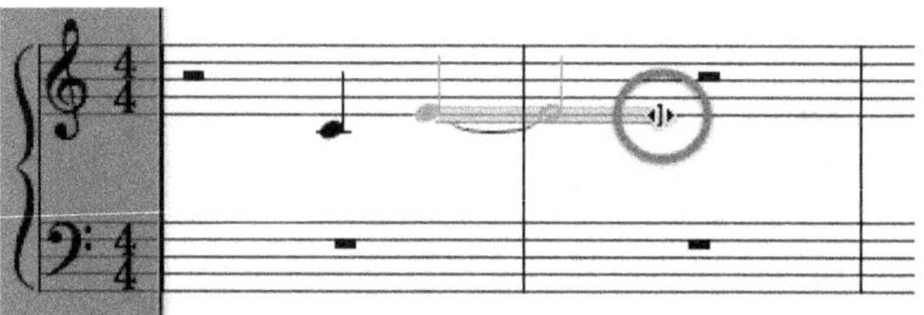

FIGURE 11-8 *Modifier la durée d'une note*

Imprimer la partition

Contrairement aux autres éditeurs de partition, il est impossible de cumuler au sein d'une même page tous les instruments contenus dans la séquence. Dans le contexte de la musique populaire, ce n'est guère gênant, puisque, généralement, vous distribuez à chaque membre de votre groupe la partition qui les concerne.

1 Dans l'en-tête de piste, sélectionnez la piste d'instrument logiciel concernée.

2 Dans le menu *Fichier*, sélectionnez *Print*.

3 Dans la boîte de dialogue qui apparaît, deux possibilités s'offrent à vous. Soit vous imprimez sans plus tarder votre partition, soit vous l'exportez sous la forme d'un document au format Acrobat PDF (bouton *PDF > Enregistrer au format PDF*).

> ASTUCE **Ajuster le nombre de mesures par portée**
>
> La réglette de zoom, située dans le coin inférieur gauche de l'éditeur de partition, conditionne le nombre de mesures autorisé par portée.

FIGURE 11–9 *Lorsque la réglette est basculée à droite, chaque portée voit son nombre de mesures se réduire à une voire deux au moment de l'impression. Si la réglette est placée à l'extrême gauche, la partition peut contenir une quinzaine de mesures en moyenne.*

Ajouter de nouveaux éléments sur la partition

Si vous avez suivi scrupuleusement les explications données précédemment, vous disposez d'une partition enregistrée comme document PDF. Avant de passer à la suite des opérations, nous attirons votre attention sur le fait que cette astuce requiert la dernière version de l'utilitaire Aperçu, livré avec Mac OS 10.6 (Snow Leopard).

1 Commencez par ajouter des nouvelles polices de caractères dédiées à la notation musicale. Inutile de partir à leur recherche sur Internet, puisque GarageBand possède tout ce dont vous avez besoin. Rendez-vous dans le dossier `Applications` à la racine de votre disque dur, puis faites un clic droit sur l'icône de GarageBand. Dans le menu contextuel, sélectionnez *Afficher le contenu du paquet*. Ouvrez, ensuite, successivement les dossiers `Contents` et `Resources`.

2 Double-cliquez sur le fichier `AScore.ttf`. Une fenêtre apparaît, cliquez sur le bouton *Installer la police*. Procédez de même avec le fichier `AScoreParts.ttf`.

3 Ouvrez votre document PDF à l'aide de l'utilitaire Aperçu (situé dans le dossier `Applications`).

4 Dans la barre d'outils, cliquez sur le bouton *Annoter*. Au bas de la fenêtre, sélectionnez l'icône *Texte*.

FIGURE 11-10 *Outil cadre texte*

5 Avec la souris, tracez un très large cadre à l'endroit où vous souhaitez insérer de nouveaux signes musicaux.

6 Faites apparaître la palette des polices via le menu *Outils>Afficher les polices*. Sélectionnez l'une des deux fontes musicales par le menu *Toutes les polices>AScore* ou *AscoreParts*.

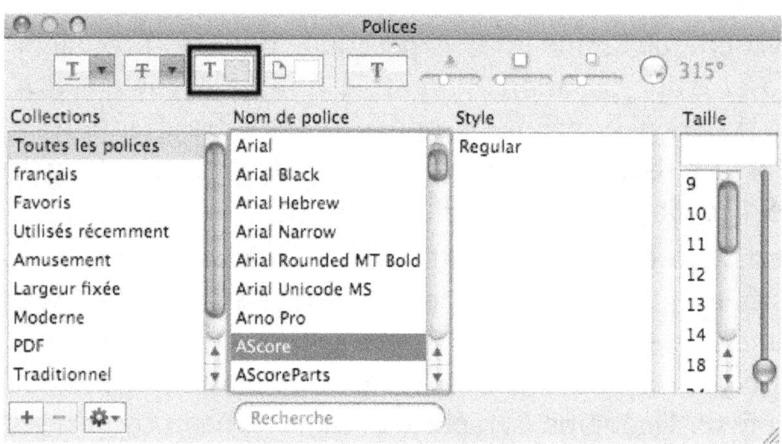

FIGURE 11-11 *Le changement de teinte de la police de caractères s'effectue via le bouton Couleur du texte.*

OUTIL **Livre des polices**

Pour prendre connaissance de toute la palette de signes musicaux à votre disposition, ouvrez l'application Livre des polices, située dans le dossier `Applications`.

7   En sélectionnant le menu *Aperçu > Personnalisé*, vous pouvez sélectionner directement le signe de notation de votre choix.

8   Dans le menu *Édition*, sélectionnez *Copier*. Retournez dans Aperçu. Veillez à ce que le cadre texte précédemment créé soit toujours sélectionné. Rendez-vous alors dans le menu *Édition > Coller*. Renouvelez toutes ces étapes autant de fois que nécessaire.

Figure 11–12 *Les signes insérés dans la partition peuvent être modifiés à tout moment.*

9   Une fois les modifications effectuées, et le fichier enregistré, vous pouvez l'imprimer, depuis le menu *Fichier*.

À savoir **Éditeur de partition et export en MIDI**

Les éditeurs de partitions externes (*Encore* édité par Gvox, *Overture* de GenieSoft...) lisent, de préférence, les projets musicaux au format MIDI. Cependant, GarageBand ne dispose d'aucune fonction pour procéder à ce type d'exportation. C'est la raison pour laquelle, vous devez faire appel à Logic Pro. En revanche, GarageBand est tout à fait capable d'importer de tels fichiers. Pour cela, il vous suffit de glisser-déposer le document paré de l'extension `.mid` à l'intérieur de la fenêtre de séquence.

> Logiciel **Partition multipupitre**
>
> Si votre marotte est la direction d'orchestre (classique ou jazz big-band), il est évident que l'impression de partition pupitre par pupitre n'est guère adaptée à votre activité. Malheureusement, Garageband n'est pas en mesure de créer une telle partition. La seule solution est d'ouvrir le projet GarageBand avec Logic Pro en version 8 ou 9, afin de profiter d'un éditeur de partition évolué.

Trouver le nom des accords

Cette astuce concerne les claviéristes. Vous connaissez sans doute le chiffrage d'accord classique, mais moins celui utilisé dans le Jazz ou le Rock. Aussi, l'accordeur de GarageBand va vous être d'un grand secours ! Vous pensiez que ce dernier était réservé aux seuls guitaristes ? Détrompez-vous.

> Astuce **Un clavier de substitution**
>
> GarageBand vous autorise à employer le clavier de votre ordinateur en lieu et place de votre instrument de musique favori. Pour le faire apparaître, demandez le menu *Fenêtre > Saisie musicale*.

1 Nous partons du principe que votre clavier MIDI est raccordé à Garage-Band.

2 Rendez-vous dans le menu *Contrôle*, puis sélectionnez *Afficher les accords sur l'écran LCD*.

3 Jouez les accords de votre morceau. En contrebas de l'interface, ces derniers s'afficheront en toutes lettres.

Figure 11–13 *L'écran LCD affiche un accord de septième de do.*

Une boîte à rythmes

De nombreux plug-ins simulant le fonctionnement des boîtes à rythmes sont disponibles au format Audio Unit, et parfaitement compatibles avec GarageBand (iDrums, Stylus RMX ou Nithonat Drum Machine...).

Travailler en temps réel

Si la programmation des percussions en pas à pas est quelque peu contraignante, rien ne vous empêche de travailler en temps réel.

1 Créez une piste d'instrument logiciel.

2 Dans la colonne *Infos de pistes*, dans l'onglet *Parcourir*, sélectionnez l'un des kits de batterie disponible. Ils sont rangés sous la dénomination *Drum Kits*.

3 Dans les préférences générales du logiciel, cochez la case *Fusionnez automatiquement les enregistrements d'instruments*.

4 Activez la lecture en boucle.

5 Dans la partie supérieure de l'interface, déterminez la durée de la boucle en surlignant la barre graduée des mesures. 4 à 8 temps suffisent, c'est-à-dire une à deux mesures.

6 Ajustez le tempo si nécessaire via le menu *Contrôle > Afficher le tempo sur l'écran LCD*.

7 Activez le métronome, ainsi que le décompte, depuis le menu *Contrôle*.

8 Faites apparaître le clavier virtuel par le menu *Fenêtre > Saisie musicale*.

9 Lancez l'enregistrement, puis frappez en rythme les touches du clavier de votre Macintosh, comme vous le feriez sur la surface de contrôle d'une vraie boîte à rythmes.

10 À chaque passage de boucle, vous pouvez ajouter de nouveaux sons sans effacer ceux précédemment mémorisés.

Retoucher votre boucle

La session d'enregistrement terminée, procédez à d'éventuelles modifications à l'aide de l'éditeur de GarageBand. Vous pouvez par exemple forcer toutes les notes à se conformer à la grille rythmique. Ainsi, les petits décalages entendus seront éliminés. Pour cela, recourez à la fonction *Accentuer la synchronisation*. Dans le menu local, choisissez comme valeur de quantification, la figure de rythme la plus petite contenue dans la boucle. Typiquement, ce sera la croche (*1/8 Note*) ou la double-croche (*1/16 Note*).

Pour un rendu moins métronomique, faites glisser le curseur de synchronisation sur la gauche.

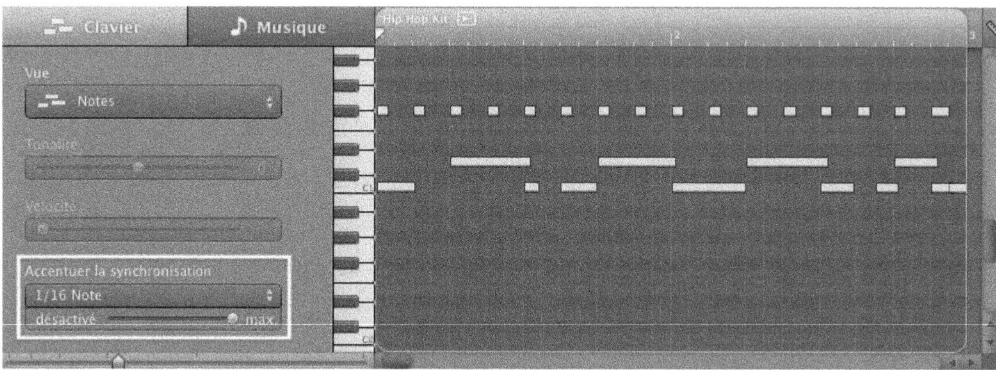

FIGURE 11–14 *Synchronisation du pattern rythmique*

Synchroniser deux logiciels avec Rewire

Ce protocole d'échange permet de synchroniser deux logiciels musicaux. Un cas typique d'utilisation est l'emploi conjugué de GarageBand avec un instrument virtuel regroupant échantillonneur, synthétiseur, et séquenceur à l'instar de Reason 4 (http://www.propellerheads.se/products/reason/).

La manœuvre s'effectue en deux étapes : lancez tout d'abord GarageBand, puis l'application externe compatible Rewire. Dès que vous appuyez sur le bouton de lecture de GarageBand, les deux applications se mettent à jouer au même moment, en gardant un tempo commun.

Recourir à un éditeur d'échantillons externe

Une fois l'enregistrement achevé, et avant de procéder au mixage, il est utile de nettoyer les différentes prises de son acoustiques. Comme Garage-

Band ne dispose pas d'un éditeur d'échantillon perfectionné, recourez en remplacement au logiciel libre Audacity (http://audacity.sourceforge.net/) :

1　Quittez tout d'abord GarageBand. Depuis le Finder, faites un clic droit sur l'icône de votre projet, puis sélectionnez *Afficher le contenu du paquet*.

2　Ouvrez le dossier Media : il contient toutes les prises de son et autres échantillons importés dans le projet.

3　Créez un nouveau dossier, que vous nommerez par exemple Originaux. À des fins de sauvegarde, copiez à l'intérieur tous les fichiers audio contenus dans le dossier Media. Ainsi, en cas d'erreur vous pourrez aisément faire machine arrière.

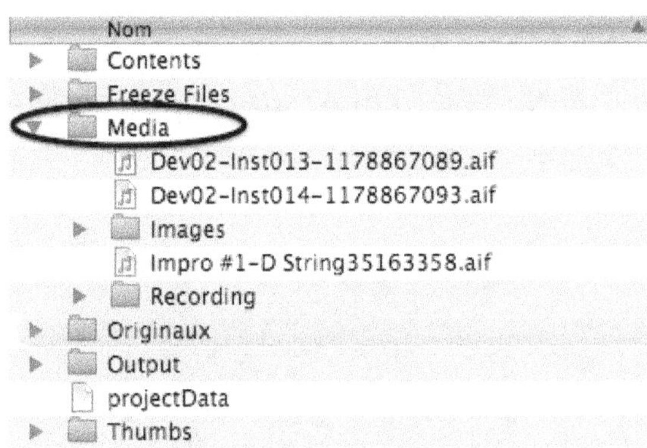

Figure 11–15 *Le dossier Originaux peut être créé sans crainte à l'intérieur du paquet*

4　Dans Audacity, ouvrez les fichiers audio contenus dans le dossier Media.

5　Procédez aux modifications qui s'imposent. Commencez par exemple par traiter les débuts et fins d'échantillons. Pour ce faire, surlignez au préalable la portion de l'onde audio-numérique concernée. Dans menu *Effets*, sélectionnez *Fondre en ouverture* ou *Fondre en fermeture* pour traiter les débuts et fins de phrase. Dans le cas d'un bruit isolé de toutes données musicales, recourez à l'effet d'*Amplification*, avec une valeur de -50 dB.

6　Au moment de l'enregistrement du fichier (menu *Fichier > Exporter*), la fenêtre *Éditer les métadonnées* apparaît. Cliquez sur *OK*, sans autre forme de procès.

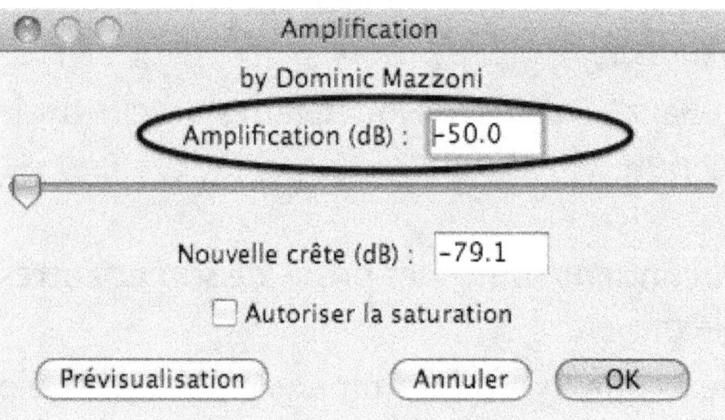

FIGURE 11-16 *Élimination d'un son parasite*

7 Au bas de la fenêtre de requête, déroulez le menu local *Format* et cliquez sur *Other uncompressed files*.

8 Appuyez sur le bouton *Options*. Choisissez comme en-tête *AIFF (Apple/SGI)* et comme encodage *Signed 24 bits PCM*. Cliquez sur *OK* pour refermer la fenêtre.

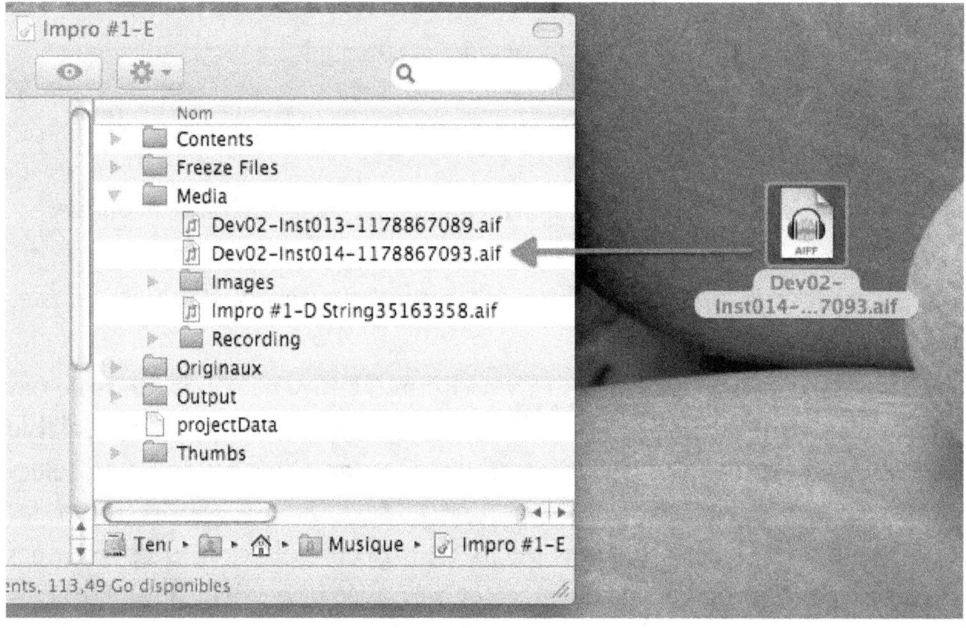

FIGURE 11-17 *Remplacement du fichier original par celui modifié dans Audacity*

9   Dans le champs *Save As*, tapez à la suite du nom l'extension `.aif`. En revanche, gardez-vous bien de changer l'intitulé des fichiers. Dans le cas inverse, GarageBand ne reconnaîtrait plus le fichier. Enfin, enregistrez le fichier audio sur le *Bureau*, afin d'en disposer rapidement.

10 De retour dans le Finder, déposez le fichier provenant d'Audacity au sein du dossier `Media`. Une fenêtre vous demande confirmation du remplacement opéré. Cliquez alors sur le bouton *Remplacer*. Au prochain lancement de GarageBand, les nouveaux fichiers prendront, au sein de la séquence, la place des anciens.

Exporter le mixage en 32 bits à virgule flottante

Certains studios de mastering réclament des fichiers de mixage en 32 bits à virgule flottante. Bien qu'aucune fonction de GarageBand ne l'autorise, il est possible d'obtenir satisfaction... de façon peu orthodoxe, toutefois !

La première partie de la mission consiste à dénicher l'endroit secret où GarageBand stocke ses fichiers temporaires. L'exercice demande de la rapidité. Le temps qui vous est accordé n'est autre que celui mis par le logiciel pour exporter le morceau vers le disque dur. Plus longue est la chanson, plus il vous sera facile d'opérer.

1   Lancez le logiciel moniteur d'activité, situé dans le dossier `/Applications/Utilitaires`.

2   Dans la liste qui s'affiche, sélectionnez *GarageBand*. Cliquez sur le bouton *Inspecter*.

3   Dans la nouvelle fenêtre, à la section *Fichiers et ports ouverts*, utilisez l'ascenseur pour vous rendre tout en bas de la liste.

4   De retour dans GarageBand, lancez le menu *Partage > Exporter le morceau vers le disque*. Laissez impérativement la case *Compresser* décochée. Une fois l'exportation lancée, une fenêtre de requête apparaît. Enregistrez le fichier où bon vous semble (sur le Bureau par exemple), cela n'a aucune incidence sur la suite de la manœuvre.

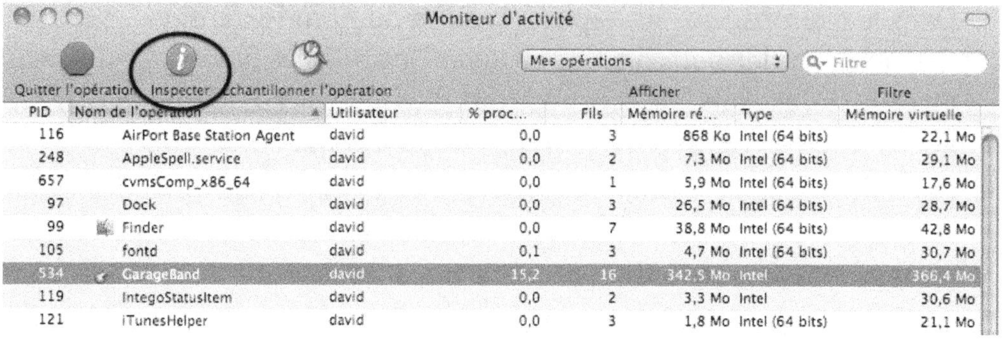

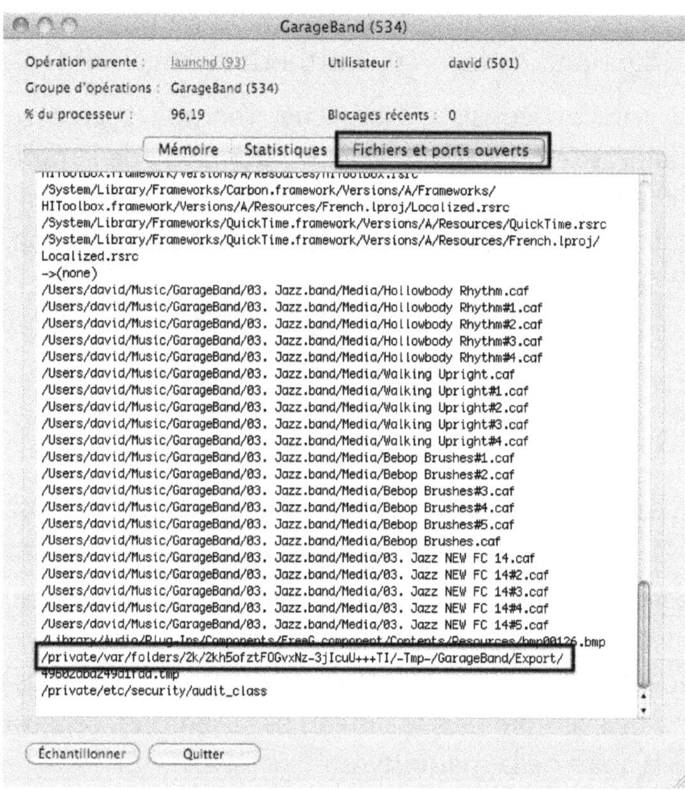

FIGURE 11–18 *Moniteur d'activité*

5 Depuis le logiciel moniteur d'activité, observez le bas de la liste *Fichiers et ports ouverts*. Le chemin vers le dossier secret s'affiche. Surlignez la ligne commençant par /private/var/folders/ et arrêtez-vous à /GarageBand/Export. Dans notre cas, cela nous donne : `/private/var/folders/2k/2kh5ofztFOGvxNz-3jIcuU+++TI/-Tmp-/GarageBand/Export/`

FIGURE 11–19 *Le chemin du dossier temporaire*

6 Copiez le chemin dans le presse-papier (menu *Édition > Copier*).

7 Rendez-vous à présent dans le Finder. Dans le menu *Aller*, sélectionnez *Aller au dossier*. Dans le champ qui apparaît, insérez le chemin d'accès (*Édition>Coller*).

8 Une fois le bouton *Aller* enfoncé, une nouvelle fenêtre apparaît : vous êtes au cœur de la mécanique GarageBand. Gardez cette fenêtre ouverte pour la suite des opérations.

Voici comment GarageBand travaille : lorsque vous lui demandez d'exporter un mixage, un fichier temporaire au format AIFF 32 bits à virgule flottante est spontanément généré. En fin de processus, il est converti au format préalablement indiqué dans la fenêtre *Exporter le morceau vers le disque*. C'est alors que débute la seconde partie de la mission.

9 Demandez une nouvelle fois l'exportation de votre mixage.

10 Dès que le fichier temporaire apparaît dans la fenêtre *Export* (celle-là même que nous vous avons demandé de garder ouverte), glissez-le sur votre Bureau.

> **Format Fichier temporaire**
>
> Si vous vous demandez comment reconnaître un fichier temporaire, la réponse est simple : il est paré de l'extension `.tmp`.

11 Une fois le processus d'exportation achevé, dépêchez-vous de changer l'extension `.tmp` en `.caf`. Vous pouvez alors écouter le résultat à l'aide du lecteur QuickTime. Pensez à convertir le document sonore en AIFF ou WAVE (PCM 32 bits à virgule flottante) à l'aide d'un utilitaire spécialisé (Max, QuickTime Pro...). Mission accomplie.

Imiter des effets entendus sur les disques du commerce

Ne vous limitez jamais à ce que propose un logiciel — telle est la devise de ce chapitre. Pour le conclure, tout en vous ouvrant à de nouveaux horizons, nous avons regroupé ici quelques idées, qui, nous l'espérons, feront mouche.

Un son de guitare façon Green Day

Pour obtenir ce son caractéristique (saccadé) en ouverture de la chanson *Boulevard of broken dreams* de Green Day, vous devez recourir à une porte de bruit particulière qu'est StormGate One (présenté brièvement au chapitre 8). Voici donc comment procéder :

1. Sur une nouvelle piste d'instrument réel, enregistrez un accord tenu de guitare saturée pour une durée de deux mesures environ.
2. Placez comme effet en insert sur la piste le plug-in StormGate One.
3. Au sein de son panneau de configuration, réduisez la grille rythmique à deux temps à l'aide du paramètre *Steps* ❶.
4. Pour chaque temps, subdivisez la grille rythmique en 4 ❷ pour obtenir la valeur d'une double-croche.
5. Avec l'outil en forme de brique ❸, dessinez une onde carrée ❹. De ce fait, le son est coupé brièvement à intervalle de temps régulier.
6. Le potentiomètre *Fade* ❺ ajuste le signal sonore original avec celui modulé en rythme. Gardez-le sur la droite.

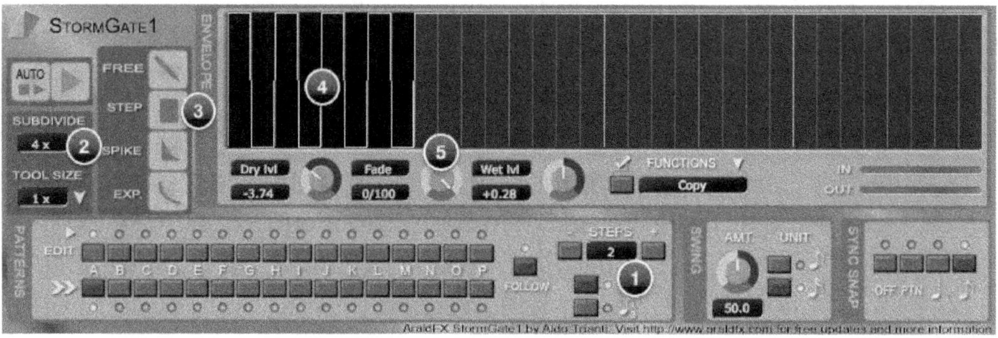

FIGURE 11–20 *StormGate One : une porte de bruit qui travaille en rythme !*

Le panoramique automatique

Balancer un son de gauche à droite dans l'espace stéréophonique est l'affaire d'un effet nommé Autopan. Hélas, GarageBand n'en est pas pourvu, mais qu'à cela ne tienne !

1. Commencez par vérifier dans le menu *Contrôle* que le verrouillage automatique des courbes aux régions est bien actif.

2 Faites apparaître les fameuses courbes de panoramique (au sein de la colonne d'en-tête de pistes).

3 Ordonner un balancement du son entre les enceintes droites et gauches en plaçant des points de contrôle à intervalles réguliers.

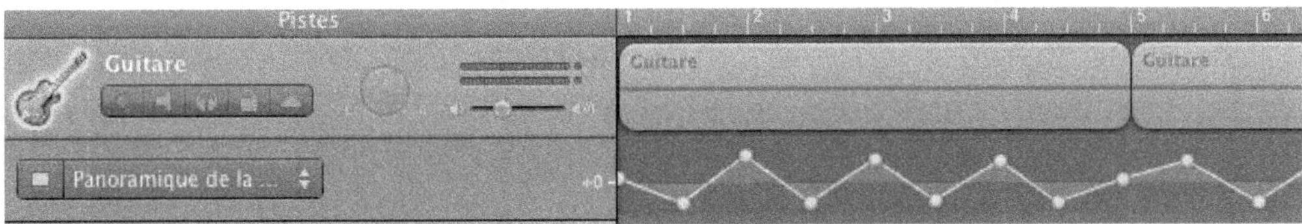

FIGURE 11-21 *Un effet autopan réalisé avec l'aide des courbes d'automation*

Un effet Auto-Tune à la manière des Black Eyed Peas

L'Auto-Tune (http://www.antarestech.com/products/auto-tune-evo.shtml) se destine à la correction ponctuelle de la justesse vocale. Son emploi massif remonte à la fin des années 1990. Cet outil a été rapidement détourné de son usage premier pour produire un effet spécial proche du vocodeur. Le plug-in original a laissé la place à toute une gamme de produits.

Au sein de l'éditeur de GarageBand, la fonction d'*Accentuation de la syntonisation* offre le même type d'artifice, certes avec un nombre de paramètres extrêmement réduit. Plus la valeur est proche de 100, plus l'effet est marqué. Pour forcer les notes enregistrées à « rentrer dans le moule » de la tonalité principale, cochez la case *Limiter à la clé*.

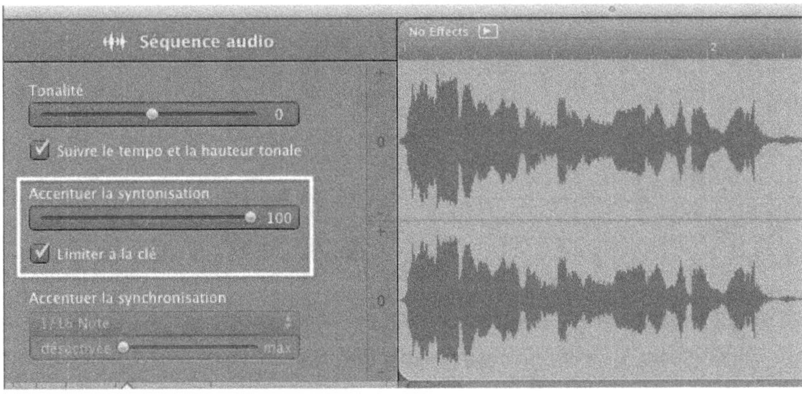

FIGURE 11-22 *Le résultat obtenu avec GarageBand est similaire au plug-in Auto-Tune EFX lorsque ce dernier est basculé en mode Hard/Soft EFX*

Rubato, ralenti final et rupture de tempo

Pour des raisons d'interprétation (selon les genres musicaux ou les styles abordés), il arrive que quelques libertés soient prises avec la pulsation rythmique de base. Par exemple, vous pouvez accélérer sur les premières notes d'une phrase musicale, ou bien ralentir quelque peu à la fin de cette même phrase, voire même à la toute fin du morceau. Cet artifice se nomme le rubato. Comble de chance, GarageBand accepte les modifications de tempo !

> ÉTYMOLOGIE **Rubato**
> Ce terme vient de l'italien et signifie temps volé.

> À SAVOIR **Pourquoi mes boucles d'instrument réel ne se conforment pas au tempo ?**
> Pour que cette astuce fonctionne, il est impératif que les régions audio utilisées soient asservies au tempo. C'est le cas si vous utilisez des boucles provenant de la bibliothèque de GarageBand, ou bien celles que vous aurez préalablement traitées avec l'utilitaire de boucle Soundtrack.

1 Affichez la piste principale en vous rendant dans le menu *Piste*.

2 Activez les courbes d'automation de la piste principale. Dans le menu local, sélectionnez *Tempo principal*.

3 Un premier point de contrôle au départ de la mesure 1 est déjà présent sur la courbe. Il correspond au tempo initial de votre morceau.

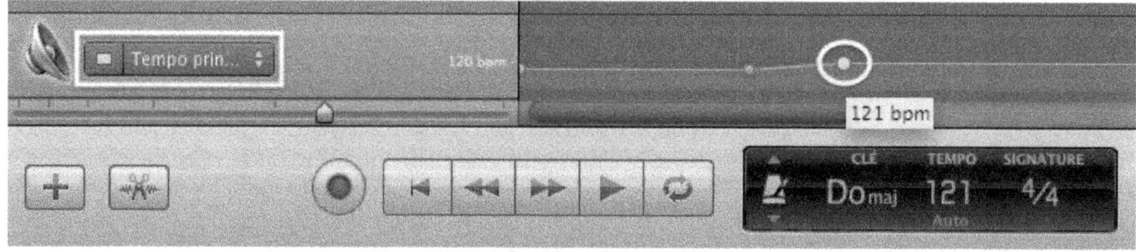

FIGURE 11-23 *Maintenez la touche Maj de votre clavier pendant que vous placez le point de contrôle : vous obtenez une valeur de tempo précise.*

4 Chaque nouveau point de contrôle ajouté par la suite fait varier le tempo en conséquence.

5 Avec cette même astuce, vous pouvez également changer de tonalité en cours de morceau. Dans le menu local situé dans l'en-tête de piste, sélectionnez *Hauteur principale* en remplacement de *Tempo principal*.

Éloignées des intentions esthétiques du rubato, les ruptures brutales de tempo sont assez rares dans le Rock. Le groupe américain Living Colour propose un exemple intéressant en ouverture de leur second album (1990) avec la chanson *Time's up*. Pour vous donner un second exemple plus récent, la chanson *Fences* (2007) du groupe américain Paramore recourt à un procédé similaire (mais de façon ponctuelle toutefois).

Cas pratique : composer une musique d'illustration

Jusqu'à maintenant, nous avons pris pour exemple la chanson. Cette fois, il en est autrement. L'élaboration d'un instrumental à partir de GarageBand est l'occasion de vous faire partager une autre méthode de travail, tournant exclusivement autour de boucles préenregistrées. Cette approche peut être mise en pratique dans le cadre d'une illustration musicale à destination d'un podcast vidéo ou d'un film.

La direction artistique

Avant de débuter la composition, il est préférable d'avoir pris connaissance du métrage sur lequel vous allez travailler. S'il s'agit d'un documentaire, d'un reportage ou d'un podcast, il faut être attentif exclusivement au rythme d'enchaînement des plans. En somme, le monteur remplit le rôle du chef d'orchestre, donnant par conséquent le tempo. Pour une fiction, les données sont quelque peu différentes. Aussi, deux approches peuvent être envisagées :

- Soit votre morceau vient en redondance avec l'image — à une scène d'action correspond une musique dynamique, ou bien les paroles de votre chanson commentent la situation dramatique.

- Soit votre composition agit en complémentarité avec l'image — la musique vient combler les interstices laissés par le scénario ou la mise en scène.

Une fois toutes ces données recueillies, la direction artistique à suivre s'impose d'elle-même.

La recherche du matériau sonore

L'exemple musical qui suit est destiné à illustrer la séquence générique d'un podcast. Il est impératif de visionner le montage vidéo sur lequel nous allons travailler. Nous en profitons pour reporter dans un bloc-note la durée totale de la séquence, ainsi que la pulsation approximative suggérée par le montage (autour de 112 BPM, soit un plan toutes les 4 secondes, ou bien, exprimé autrement, un plan toutes les 2 mesures environ). Afin de maintenir une cohérence esthétique, nous vous conseillons de composer à partir d'un nombre restreint d'éléments. Au sein d'un nouveau projet, la première boucle que nous choisissons au sein de la bibliothèque est destinée à la piste de percussion ou de batterie. Outre son influence notable sur la perception générale du morceau, elle nous aide également à structurer l'arrangement. Sur une première piste, nous avons donc disposé la boucle *Club Dance Beat 007* (à dénicher dans la rubrique *Toutes batteries* de la bibliothèque de GarageBand). Nous activons également la lecture en boucle pour les quatre temps que dure la piste de batterie.

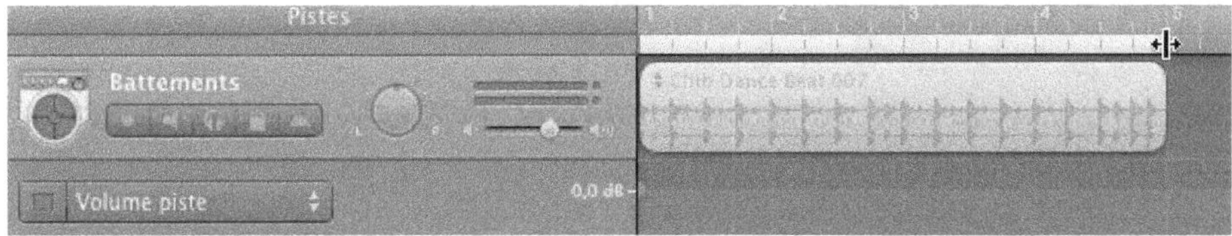

Figure 12-1 *Le morceau se construit autour d'une séquence de quatre mesures*

La particularité de *Club Dance Beat 007* est d'avoir un élément mélodique (joué par une percussion) et qui impose aussi un ensemble de gammes possibles pour le morceau. La note entendue étant le mi, rien n'empêche d'y voir la fondamentale de la composition. C'est la raison pour laquelle nous optons pour la gamme de mi majeur (remarquez que dans ce contexte, la tonalité de mi mineur fonctionnerait tout autant...). Pour donner plus de contours à la batterie, nous recourons à l'égaliseur *1973*, en veillant à ce que le son de la grosse caisse ne soit pas trop envahissant, — et que les pics de dynamique ne concernent qu'une plage restreinte des basses fréquences ! En outre, pour raviver de façon artificielle la queue de réverbération entendue sur la caisse claire, nous utilisons le plug-in *The Rocket*.

Figure 12-2 *Le compresseur est utilisé à des fins créatives, et non, pour les besoins exclusifs du mixage. Le ratio est de 12 pour 1, l'attaque très courte et le paramètre de relâchement placé à 17 ms.*

L'importance de la basse

Elle constitue le premier élément mélodique du morceau. De par sa position dans l'arrangement, son impact sur l'harmonie est déterminant. Au sein de la bibliothèque de GarageBand, nous choisissons donc la boucle d'instrument logiciel *Distorted Finger Bass 01*. Nous la glissons dans la fenêtre principale du séquenceur : une deuxième piste se crée automatiquement. Disposant déjà d'effets (une distorsion notamment), nous ajoutons *FreeG* en troisième insert, afin que le contrôle du volume agisse sur le son final de la basse (soit l'instrument et tous ses effets), et non sur son timbre original.

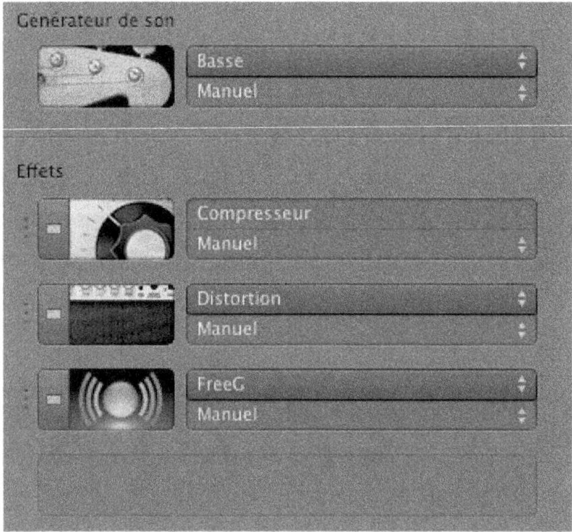

FIGURE 12-3 *Ordre de traitement de la basse électrique*

La musique instrumentale électronique se construit sur une structure minimale (une phrase, une boucle), qui se répète à l'infini, sa lente progression se faisant par petites touches. La musique populaire n'a rien inventé, elle puise avant tout son inspiration du mouvement minimal américain. Comme nous aimons la variation des timbres et des formules mélodiques, nous allons étendre la séquence de 4 à 8 mesures, dupliquer la région de batterie, ainsi que celle de basse. Mais pour cette dernière, plutôt que lui faire jouer des notes tournant autour de la tonique du morceau (mi), nous souhaitons à présent évoluer vers la sous-dominante (la). Ceci porterait à deux le nombre d'accords (implicites) au sein du morceau. La méthode la plus simple pour amorcer ce changement (sans avoir à chercher une nouvelle boucle) est la transposition pure et simple du motif mélodique de départ. Dans l'éditeur, nous ajustons, pour la seconde boucle de basse, la réglette *Tonalité* à +5.

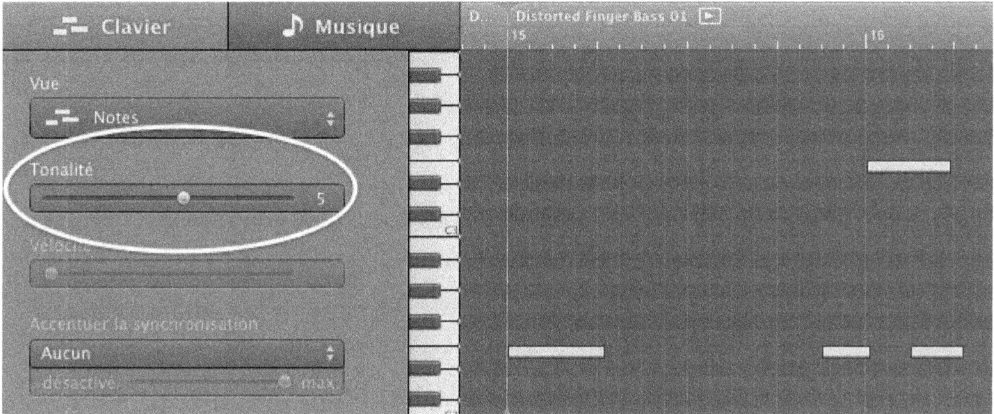

FIGURE 12-4 *Transposition du motif*

Les éléments complémentaires

Pour chacune des deux parties de la séquence (de la mesure 1 à 4 établies sur la tonique, et de la mesure 5 à 8 bâties sur la sous-dominante), nous choisissons des accompagnements guitare et clavier qui ne viennent pas perturber la verticalité du morceau — dont le caractère est heurté ou saccadé.

TABLEAU 12-1 **Boucles complémentaires contenues dans l'arrangement**

Nom de la boucle	Utilisation
Modern Rock Guitar 16 & 17	La guitare rythmique donne du dynamisme à l'ensemble. Pour éviter toute lassitude, nous l'utilisons uniquement sur les mesures impaires. Son intervention n'est que ponctuelle.
Modern Rock Guitar 22	Le motif mélodique vient s'intercaler en mesures paires, et fait écho à la boucle Modern Rock Guitar 17.

TABLEAU 12–1 **Boucles complémentaires contenues dans l'arrangement (suite)**

Nom de la boucle	Utilisation
Chordal Synth Pattern 14, Chordal Synth Pattern 20, Dance Floor Pattern 20	Au cours du développement du morceau, on peut envisager deux stratégies d'arrangement. Soit, on emploie toutes ces boucles de façon intermittente. Soit, à l'instar des morceaux des années 1980, on déroule un tapis sonore continu. Dans ce dernier cas, il faut veiller à ce que les mélodies imbriquées soient clairement distinctes, de façon à ne pas créer la confusion chez l'auditeur… À moins que ce ne soit le fruit d'une démarche réfléchie…
Modern Rock Drums 01	Pour transformer le timbre de la batterie électronique, il est intéressant de superposer un second kit de percussions ! Pourquoi pas une batterie Rock ?

La période de recherche d'idée étant à présent achevée, nous jouons en direct la séquence, en activant ou désactivant chacune des pistes (à l'aide de la fonction *Solo* située dans l'en-tête de piste). Nous prenons quelques notes au passage dans un carnet, pour consigner les meilleures associations timbrales et harmoniques.

La mise en forme

Comme vous l'avez compris, l'instrumental, dans sa forme finale, part d'une seule boucle de percussions électroniques pour être rejoint ensuite par la basse. La composition se finit sur l'assemblage intermittent de sons de guitares, et de synthétiseurs. Pour organiser à la volée les différentes parties, voici une toute dernière astuce.

1 Dans le menu *Piste*, sélectionnez *Afficher la piste d'arrangement*.

2 Appuyez sur le bouton arborant le signe +, au-dessus des en-têtes de pistes.

3 Un bandeau apparaît. Il vous permet de délimiter aisément chaque partie de la composition.

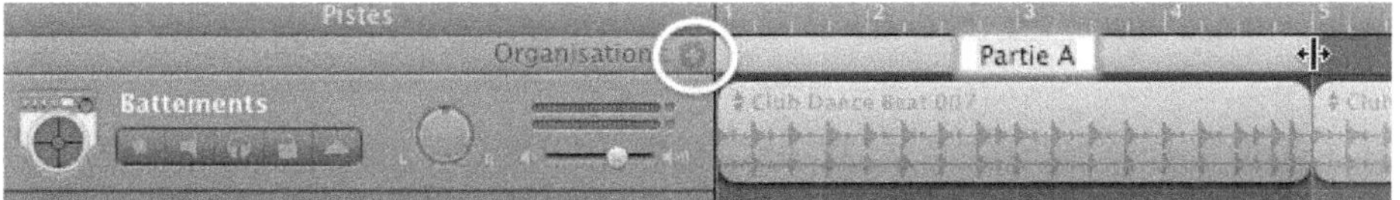

FIGURE 12-5 *En cliquant sur le bandeau, vous pouvez changer son intitulé.*

Chaque partie ainsi constituée peut être permutée à la volée.

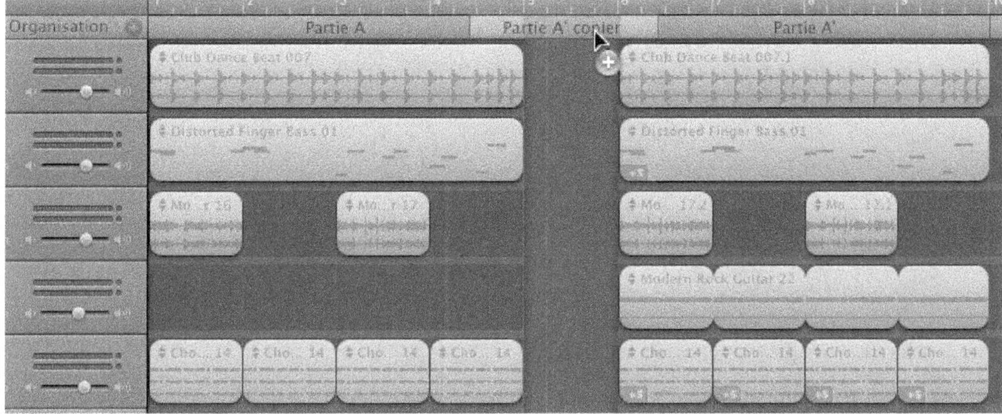

FIGURE 12-6 *Pour procéder à la duplication d'une partie, maintenez la touche Alt de votre clavier pendant que vous déplacez le bandeau vers une nouvelle destination.*

Test en situation

Enfin, une fois que le travail d'arrangement et de structuration est en voie d'achèvement, nous importons dans le projet GarageBand la vidéo du générique de l'émission. Pour cela, nous nous rendons dans le menu *Piste*, et nous sélectionnons *Afficher la piste de film*. Depuis le Bureau, nous faisons glisser la séquence vidéo au sein de la nouvelle piste.

FIGURE 12-7 *L'ajout d'une vidéo QuickTime par glisser-déposer*

À ce stade, nous n'avons plus qu'à affiner le tempo depuis l'écran LCD (menu *Contrôle > Afficher le tempo sur l'écran LCD*). Ainsi, la musique est parfaitement synchronisée avec l'enchaînement des plans. Au moment d'exporter l'instrumental sous la forme d'un fichier AIFF, dans le menu *Piste*, nous sélectionnons *Masquer la piste de film*. Nous plaçons sur la piste principale un limiteur avec comme niveau de sortie -5 dB (paramètre *Gain*).

Figure 12–8 *Pour la musique à l'image, veillez à ce que les pics de dynamique ne franchissent pas -5 dB (en vue d'un éventuel traitement ultérieur).*

Annexe

Les incontournables raccourcis clavier

Pour travailler avec rapidité et efficacité, il est impératif de connaître certains raccourcis clavier. Vous pouvez d'ailleurs prendre connaissance de la liste exhaustive dans le menu *Aide > Raccourcis claviers*. Plutôt que les consigner sous une forme identique au sein de cette annexe, nous les avons regroupés par modules, chacun d'eux correspondant à une étape de la production discographique (en suivant la progression de cet ouvrage).

Gestion du projet	
Créer un nouveau projet	*Commande + N*
Ouvrir un projet existant	*Commande + O*
Fermer le projet en cours	*Commande + W*
Enregistrer le projet en cours	*Commande + S*
Enregistrer sous	*Commande + Majuscule + S*

Préproduction : la gestion des pistes	
Accès aux préférences de GarageBand	*Commande + , (virgule)*
Créer une nouvelle piste	*Commande + Alt + N*
Créer une piste audio	*Commande + N*
Dupliquer une piste	*Commande + D*
Supprimer une piste	*Commande + Backspace*
Afficher/masquer la piste principale	*Commande + B*

Lecture et enregistrement	
Démarrer/arrêter la lecture	*Barre d'espace*
Démarrer/arrêter l'enregistrement	*R*
Activer la lecture en boucle	*C*
Activer/désactiver le métronome	*Commande + U*
Activer/désactiver le décompte	*Commande + Majuscule + U*
Revenir au début du morceau	*Entrée ou Z ou Début*
Aller à la fin du morceau	*Alt + Z ou Fin*
Déplacer la tête de la lecture vers l'avant par pas d'une mesure	*Flèche de droite*
Déplacer la tête de la lecture vers l'arrière par pas d'une mesure	*Flèche de gauche*
Zoom avant	*Contrôle + Alt + Flèche de droite*
Zoom arrière	*Contrôle + Alt + Flèche de gauche*

Édition	
Afficher l'éditeur	*Commande + E*
Afficher le navigateur de boucles (bibliothèque)	*Commande + L*
Afficher le clavier de Saisie musicale	*Commande + Majuscule + K*
Annuler la dernière action	*Commande + Z*
Rétablir la dernière action	*Commande + Majuscule + Z*
Couper	*Commande + X*
Copier	*Commande + C*
Coller	*Commande + V*
Supprimer	*Backspace*
Tout sélectionner	*Commande + A*
Scinder une région à la position de la tête de lecture	*Commande + T*
Fusionner deux régions consécutives	*Commande + J*

Édition (suite)

Activer/désactiver les guides d'alignement	*Commande + G*
Afficher/masquer les guides d'alignement	*Commande + Majuscule + G*
Afficher/masquer la piste d'arrangement	*Commande + Majuscule + A*

Mixage

Activer/désactiver la lecture solo de la piste	*S*
Activer/désactiver le son de la piste	*M*
Désactiver la lecture solo de toutes les pistes	*Alt + clic* sur le bouton *Solo*
Réactiver le son de toutes les pistes	*Alt + clic* sur le bouton *Silence*
Afficher/masquer les courbes d'automatisation de la piste	*A*
Verrouiller les courbes d'automatisation aux régions	*Commande + Alt + A*
Afficher la colonne Infos de piste	*Commande I*

Gravure d'album sur CD

Afficher/masquer la piste de podcast	*Commande + Majuscule + B*
Ajouter un marqueur de piste	*P*

Éditeur de partition

Impression de la partition	*Commande + P*

Illustration sonore

Afficher/masquer la piste de film	*Commande + Alt + B*

Les dossiers GarageBand à sauvegarder

Pour éviter de perdre de précieuses données lors d'une mise à jour importante du système, voici les dossiers sensibles à sauvegarder en priorité. N'oubliez pas non plus de faire des copies de sécurité à intervalles réguliers de tous vos projets musicaux.

Les cours de musique en ligne (magasin de cours)

Depuis la racine de votre disque dur	`/Bibliothèque/Application Support/GarageBand/Learn to Play`

Rack d'effets personnalisés et instruments virtuels

Depuis la racine de votre disque dur	`/Bibliothèque/Application Support/GarageBand/Instrument Library`
Depuis votre compte utilisateur	`~/Bibliothèque/Application Support/GarageBand/Instrument Library`

Boucles d'instrument réel et logiciel

Depuis la racine de votre disque dur	`/Bibliothèque/Audio/Apple Loops` `/Bibliothèque/Audio/Apple Loops Index` `/Bibliothèque/Audio/Sounds`
Depuis votre compte utilisateur	`~/Bibliothèque/Audio/Apple Loops` `~/Bibliothèque/Audio/Sounds`

Projets de la fenêtre d'accueil

Depuis la racine de votre disque dur	`/Bibliothèque/Application Support/GarageBand/Templates/Projects`

Sauvegarde des sessions Magic GarageBand / Cours de musiciens

Depuis votre compte utilisateur	`~/Bibliothèque/Application Support/GarageBand/Working Copies`

Sauvegarde des plug-ins et leurs préréglages	
Depuis la racine de votre disque dur	`/Bibliothèque/Audio/Plug-Ins` `/Bibliothèque/Audio/Preset`
Depuis votre compte utilisateur	`~/Bibliothèque/Audio/Plug-Ins` `~/Bibliothèque/Audio/Preset`

La liste des effets internes de GarageBand

Tous les effets listés ci-dessous sont disponibles pour toutes les pistes de votre projet.

Nom de l'effet	Commentaires
AUBandpass	Filtre passe-bande (simulation d'un mégaphone garanti !)
AUFilter	Égaliseur paramétrique relativement complet.
AUGraphicEQ	Égaliseur graphique 31 bandes.
AUHighSelfFilter	Filtre passe-bas en plateau : utile pour incliner vers le bas, de façon progressive, le domaine des aigus (à la manière des enregistrements *analogiques*).
AUHipass	Filtre passe-haut : à employer pour éliminer de façon drastique les fréquences inférieures à 30 Hz. Utilisé à mauvais escient le son devient terne et fatigant.
AULowpass	Filtre passe-bas : peut convenir pour atténuer un domaine des aigus particulièrement agressifs. À employer avec précaution.
AULowShelfFilter	Filtre passe-haut en plateau.
AUParametricEQ	Égaliseur paramétrique composé d'une seule unité de traitement.
Égaliseur Visuel	Semi-paramétrique pour un emploi occasionnel.
Réduction des aigus	Un autre filtre passe-bas, dispensable...

Nom de l'effet	Commentaires
Réduction des graves	...Flanqué d'un autre filtre passe-haut, également dispensable.
AUPeakLimiter	Limiteur de crête basique.
Compresseur	Compresseur de facture modeste et semi-paramétrable.
AUDynamics Processor	Compresseur ambitieux, relativement complet, dôté d'un mode expansion (parfois nommé *upward compressor*), il peut s'employer aussi comme une porte de bruit. Le processeur de dynamique dispose d'un temps d'attaque et libération ajustable. Le paramètre de plafond remplace le traditionnel ratio.
AUMultiband Compressor	Ce compresseur divise le signal sonore en différentes bandes de fréquences (graves, bas médium, haut médium, et aigues). Dès lors, il permet d'exercer une compression différente sur chacune d'elles. Souvent décrit comme outil de *mastering*, il trouvera sa place pour rééquilibrer un mixage. Toutefois, ayez en mémoire qu'il n'agit pas comme un outil miracle !
Porte de bruit	Réglages limités et résultat peu convaincant.
Atténuateur	Disponible dans la colonne Infos de piste de la Piste Principale : il autorise un réglage fin de l'effet *ducking*. Le son d'une piste est atténuée sous la puissance sonore d'une seconde piste. Utilisé en radio ou pour un podcast (la musique de fond se réduit automatiquement lorsque le présentateur parle), il peut être employé de façon créative — comme sur le titre *Call On Me* d'Eric Prydz.
Réverbération	Disponible dans la colonne Infos de piste de la Piste Principale : l'effet de réverbération est partagé entre toutes les pistes du projet. Peu de paramètres, et qualité de la simulation moyenne.
Réverbération de la piste	Même moteur de simulation que l'effet précédent.

Nom de l'effet	Commentaires
AUMatrixReverb	Réverbération proposant de très nombreux paramètres. Son seul défaut étant de distiller une couleur sonore quelque peu artificielle.
Écho	Disponible dans la colonne Infos de piste de la Piste Principale : l'effet est partagé entre toutes les pistes du projet. L'écho peut être synchronisé au tempo du projet.
Écho de la piste	Même moteur de simulation que l'effet précédent.
AUDelay	Effet de retard muni d'un filtre passe-bas.
Chorus	Effet esthétique : attention aux problèmes de phase et de compatibilité mono.
Filtre automatique	Effet de filtrage : idéal sur les sons synthétiques ou les mixages destinés à la musique électronique.
Flanger	Effet esthétique : attention aux problèmes de phase et de compatibilité mono.
Phaser	Effet esthétique : attention aux problèmes de phase et de compatibilité mono.
Auto Wah	Typiquement destiné à la guitare (voire aux claviers).
Trémolo	Pour guitare et claviers (piano électrique type Rhodes ou Wurlitzer).
BitCrusher	Réduction de la profondeur de traitement jusqu'à 1 bit. Effet spécial à réserver pour de la musique électronique ou bien aux nostalgiques des consoles de jeu vidéo d'il y a vingt-cinq ans !
Distorsion	Effet de distorsion classique.
AUDistortion	Effet de distorsion ambitieux offrant de très nombreuses possibilités créatives.
Simulation ampli	Simulateur d'ampli pour guitariste.
Ampli basse	Simulateur d'ampli pour bassiste.
Amplificateur de parole	Outil réservé à la confection de podcast. À éviter dans le contexte du mixage d'une chanson.

Nom de l'effet	Commentaires
Transformateur vocal	Change la hauteur du son par pas d'un demi-ton.
AUPitch	Même effet que précédemment : les paramètres sont plus nombreux et les changements de hauteur s'effectuent par pas d'un cent.
AUNetSend/AUNetReceive	Outil servant à diffuser en temps réel le contenu d'une piste GarageBand vers un autre logiciel musical compatible. La technologie réseau Bonjour est mise à contribution pour cela.
AUSampleDelay	Effet de retard ajustable à l'échantillon près.
AURogerBeep	Simulateur de communication radio (*Quindar tones* et talkie-walkie).

La fréquence fondamentale des notes de musique

Notes	Octave 1	Octave 2	Octave 3	Octave 4
Do	32,7 Hz	65,41 Hz	130,81 Hz	261,63 Hz
Do #	34,65 Hz	69,30 Hz	138,59 Hz	277,18 Hz
Ré	36,71 Hz	73,42 Hz	146,83 Hz	293,66 Hz
Ré #	38,89 Hz	77,78 Hz	155,56 Hz	311,13 Hz
Mi	41,20 Hz	82,41 Hz	164,81 Hz	329,63 Hz
Fa	43,65 Hz	87,31 Hz	174,61 Hz	349,23 Hz
Fa #	46,25 Hz	92,50 Hz	185,00 Hz	369,99 Hz
Sol	49,00 Hz	98,00 Hz	196,00 Hz	392,00 Hz
Sol #	51,91 Hz	103,83 Hz	207,65 Hz	415,30 Hz
La	55,00 Hz	110,00 Hz	220,00 Hz	440,00 Hz
La #	58,27 Hz	116,54 Hz	233,08 Hz	466,16 Hz
Si	61,74 Hz	123,47 Hz	246,94 Hz	493,88 Hz

Notes	Octave 5	Octave 6	Octave 7	Octave 8
Do	523,25 Hz	1046,5 Hz	2093 Hz	4186,01 Hz
Do #	554,37 Hz	1108,73 Hz	2217,46 Hz	4434,92 Hz
Ré	587,33 Hz	1174,66 Hz	2349,32 Hz	4698,64 Hz
Ré #	622,25 Hz	1244,51 Hz	2489,02 Hz	4978,03 Hz
Mi	659,26 Hz	1318,5 1Hz	2637,02 Hz	5274,04 Hz
Fa	698,46 Hz	1396,91 Hz	2793,83 Hz	5587,65 Hz
Fa #	739,99 Hz	1479,98 Hz	2959,96 Hz	5919,91 Hz
Sol	783,99 Hz	1567,98 Hz	3135,96 Hz	6271,93 Hz
Sol #	830,61 Hz	1661,22 Hz	3322,44 Hz	6644,88 Hz
La	880,00 Hz	1760,00 Hz	3520,00 Hz	7040,00 Hz
La #	932,33 Hz	1864,66 Hz	3729,31 Hz	7458,62 Hz
Si	987,77 Hz	1975,53 Hz	3951,07 Hz	7902,13 Hz

Les gammes : définition

Une gamme est une succession ordonnée de notes, présentée de manière ascendante.

Gamme majeure

La gamme majeure se compose de sept notes de noms différents. Toutes sont espacées d'un ton à deux exceptions près ! En effet, les intervalles séparant la troisième de la quatrième note (Mi-Fa), ainsi que la septième de la première (Si-Do) sont d'un demi-ton. Ce qui nous donne au total, 5 tons et 2 demi-tons.

FIGURE 1   *La répartition des tons et des demi-tons caractérise la gamme majeure.*

Sur ce même principe, vous pouvez construire autant de gammes qu'il existe de notes différentes. Au sein de ces nouvelles gammes majeures apparaîtront alors des dièses ou des bémols, et ce, afin de garder les successions d'intervalles (tons et demi-tons) intacts.

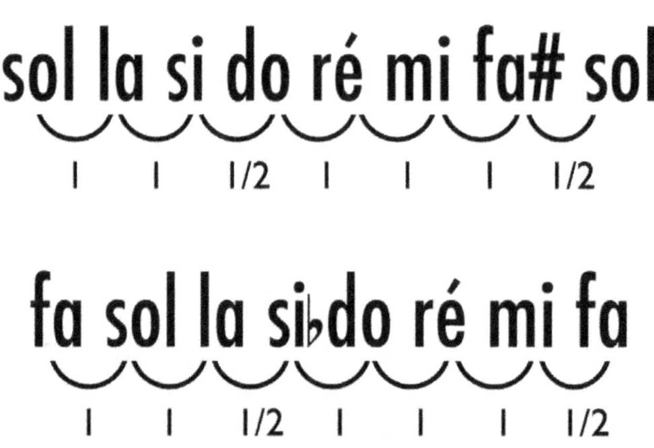

FIGURE 2   *Autres exemples de gammes majeures*

La gamme mineure

La gamme mineure se construit sur la sixième note de la gamme majeure dont elle est issue, et en conserve toutes les notes. On la nomme alors gamme mineure naturelle.

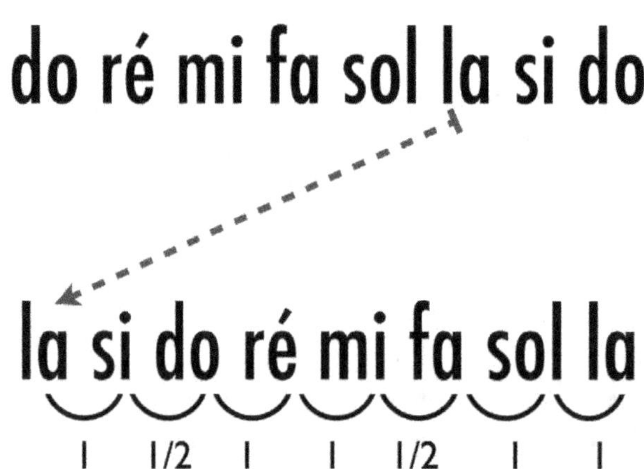

FIGURE 3   *À une gamme majeure correspond une gamme mineure relative.*

Elle se décline en deux autres variantes dénommées mineure harmonique et mineure mélodique. Dans le premier cas, on élève d'un demi-ton (à l'aide du signe dièse) la septième note de la gamme mineure. Dans le second cas, on altère à la fois la sixième et la septième note.

gamme mineure harmonique

la si do ré mi fa <u>sol#</u> la

gamme mineure mélodique ascendente

la si do ré mi <u>fa#</u> <u>sol#</u> la

FIGURE 4 *Gamme mineure harmonique et mélodique*

Bibliographie

Nous avons rassemblé quelques références bibliographiques incontournables en français et ... en anglais ! Car, hélas, les meilleurs ouvrages techniques concernant la musique pop et les secrets de l'industrie musicale sont rarement traduits dans la langue Molière.

Histoire et théorie de la musique (en français)

ABROMONT (Claude), *Guide de la théorie de la musique*, Édition Fayard, janvier 2001, 608 pages (Collection les indispensables de la musique), ISBN 978-2213609775

SKOFF TORGUE (Henry), *La pop-music*, Presses Universitaires de France (PUF), 2e édition, janvier 2001, 126 pages (Collection Que sais-je ?), ISBN 978-2130356189

Composition, mixage et mastering (en anglais)

ROOKSBY (Rikky), *The Songwriting Sourcebook: How to Turn Chords Into Great Songs*, Backbeat Books, septembre 2003, 224 pages, ISBN 978-0879307493

GIBSON(David), *The Art Of Mixing : A Visual Guide To Recording, Engineering, And Production*, Édition aristopro.com LLC, 2e édition, avril 2005, 344 pages, ISBN 978-1931140454

KATZ (Bob), *Mastering Audio: The Art and the Science*, Focal Press, 2e édition, novembre 2007, ISBN 978-0240808376

Index